U0320843

草业科学精品文库

沙地饲用燕麦氮磷肥施用技术研究

高凯　李争艳　张庆昕　等　著

中国农业科学技术出版社

图书在版编目（CIP）数据

沙地饲用燕麦氮磷肥施用技术研究／高凯等著 . --北京：中国农业科学技术出版社，2022.10

ISBN 978-7-5116-5782-4

Ⅰ.①沙…　Ⅱ.①高…　Ⅲ.①燕麦草–氮磷复合肥料–施肥–研究　Ⅳ.①S543.062

中国版本图书馆 CIP 数据核字（2022）第 096622 号

责任编辑　陶　莲
责任校对　李向荣
责任印制　姜义伟　王思文

出 版 者　中国农业科学技术出版社
　　　　　北京市中关村南大街 12 号　　邮编：100081
电　　话　（010）82109705（编辑室）　　（010）82109702（发行部）
　　　　　（010）82109709（读者服务部）
网　　址　https://castp.caas.cn
经 销 者　各地新华书店
印 刷 者　北京建宏印刷有限公司
开　　本　185 mm×260 mm　1/16
印　　张　8
字　　数　181 千字
版　　次　2022 年 10 月第 1 版　2022 年 10 月第 1 次印刷
定　　价　80.00 元

◄◄◄ 版权所有·翻印必究 ►►►

《沙地饲用燕麦氮磷肥施用技术研究》

著者名单

主　著：

高　凯（内蒙古民族大学）

李争艳（安徽省农业科学院畜牧兽医研究所）

张庆昕（内蒙古民族大学）

副主著：

徐智明（安徽省农业科学院畜牧兽医研究所）

闫秋洁（绵阳师范学院）

朱铁霞（内蒙古民族大学）

参著人员：

田福平（中国农业科学院兰州畜牧与兽医研究所）

丛龙丽（内蒙古民族大学）

何如帜（甘肃普瑞拓生态农业科技有限公司）

陈子萱（甘肃省农业科学院生物技术研究所）

周玉雷（赤峰学院）

徐　磊（安徽省农业科学院科研处）

李　岩　王霞霞　尚　靖　李　杨

（安徽省农业科学院畜牧兽医研究所）

目　　录

1 燕麦概述

燕麦（*Avena sativa* L.）是禾本科一年生草本植物，适宜生长在气候凉爽、雨量充足的地区，具有耐寒、抗逆性强、适口性好、易于栽培、产量高等优点，是我国高寒地区主要栽培的粮食作物之一，同时也是优良的粮饲兼用作物。

1.1 燕麦植物形态学特性

燕麦为一年生禾本科草本植物，可分为根、茎、叶、穗、花、籽实 6 个部分。

1.1.1 根

燕麦属须根系植物，其根分为初生根和次生根。种子萌发后，即出现 3~5 条初生根，初生根外面着生许多纤细的根毛，其寿命可维持 2 个月左右，主要作用是吸收土壤中的水分和养分，供应植株生长发育。

燕麦种子萌发时，胚根首先露出，随后被迅速生长的初生根穿破，然后有一对侧根（初生根）生出，不久再生出另一对侧根。胚芽鞘在初生根生出后不久露出。次生根着生于地下分蘖节上，比初生根粗壮，根毛密集。一般 1 个分蘖可长出 2~3 条次生根。次生根一般密集分布于地表下 10~30cm 的耕作层中，最深可达 2m。次生根上着生许多须根，连同次生根形成强大的根系。根系发达的品种抗旱、抗倒伏能力强。

1.1.2 茎

燕麦的茎圆而中空，表面光滑无毛。茎秆的节数和节间长度以及茎秆的粗细，随品种和外界条件变化而发生变化。株高一般为 60~180cm。茎节数一般为 5~8 节，少数品种茎节数甚至更多。节数与品种的生育期与光周期密切相关，生育期长的品种节数多，长日照条件下节数少，短日照条件下节数多。每个茎节的长短不同，基部的茎节短，依次向上一节长于一节，穗下茎最长。茎节的长短与品种有关，也与栽培条件有关，晚熟、高秆的品种茎节较长，早熟、矮秆品种茎节短；水肥充足、光照时间短、通风透光差的情况下，茎节长，反之则短。地上各节除最上一节外，其余各节都有一个潜伏芽，通常这些芽不发育，但当主茎受到抑制时，有的潜伏芽也能长出新枝，同样可抽穗结实。茎的表皮外有蜡质层，其蜡质层厚度因品种和栽培技术不同而异，同一品种在水浇地蜡质层较薄，旱地蜡质层较厚。

燕麦茎秆直径一般为 5~7mm，秆壁厚 0.2~0.4mm，髓腔较大，2~4mm。茎秆在接近成熟时一般为黄色，有的品种茎秆基部为橙黄色或紫色。茎秆是植株生长发育的输导器官，负责将由根吸收的无机营养运送到茎叶部，再将茎叶部通过光合作用制造的部分有机物质运送到根部，供根的生长。茎的另外一个作用是支撑作用，因此，茎秆的质量与抗倒伏能力有关，一般是茎节壁厚、纤维化程度高、有韧性的品种植株不易折断，抗倒伏能力强，反之则抗倒伏能力差。

1.1.3 叶

燕麦的叶为披针形，由叶鞘、叶舌、叶关节和叶片组成。叶片扁平质软，叶面有茸毛和气孔。叶鞘包围茎秆较松弛，于基部闭合，一般外部有毛。叶片颜色因品种不同自深绿色到淡绿色。一般品种叶数多为 5~8 片，个别品种可达 9~10 片。叶片数与光周期和品种的生育期有关，光照时间长，则叶片数少；光照时间短，则叶片数多。生育期短的品种叶片数少，生育期长的品种叶片数多。叶片着生于茎节上，一节一叶。叶分为初生叶、中生叶和旗叶，叶片长度一般为 8~30cm，最长的也可达 50cm。初生叶短，中生叶长，旗叶短，旗下一叶最长，整株叶片分布呈纺锤形。叶宽一般为 13~30mm。叶的宽窄、长短、色泽和蜡质层的厚薄虽属品种的遗传性状，但也与栽培条件密切相关。水肥条件好，叶片大；水肥条件差，则叶片小。

燕麦的叶舌发达，膜质、白色，长约 3mm，顶端边缘呈锯齿状。燕麦无叶耳，故在苗期可作为与其他麦类作物区别的重要依据。燕麦叶面积系数较大，容易造成田间郁蔽，通风透光差，茎叶软，易因发生倒伏而减产。

1.1.4 穗

燕麦的穗为圆锥花序或复总状花序，由穗轴和各级穗枝梗组成。根据穗枝梗与穗轴的着生状态，分为周散型和侧散型两种穗型。大多数品种为周散型穗，少数品种为侧散型穗。燕麦的穗一般在穗基部分枝多，越往上越少，分枝交互排列。

燕麦的穗由穗轴、枝梗和小穗组成。穗轴实际是茎节的变异与延伸，由茎与节组成，节上着生着多个穗枝梗，形成轮层。一般品种有 4~7 个轮层，多的可达 9 个。每个轮层上着生许多穗分枝，着生在穗轴上的分枝为一级枝梗，着生在一级枝梗上的分枝为二级枝梗，依次类推。穗枝梗有角棱，刺状、粗糙、坚韧无毛，常弯曲。多数品种的穗轴与穗分枝呈锐角，少数呈水平状，有的甚至呈钝角。轮层之间距离大小、分枝数多少、长短，除取决于品种固有特性外，也因栽培条件的不同而发生变化。穗节间短、枝梗短的品种为紧穗型品种，反之为松散型品种。燕麦的小穗着生在各级穗枝梗的顶端。小穗由小穗枝梗、2 枚护颖、内稃、外稃、芒（有的品种无芒）、小花组成。外稃膜质，无芒或具 1~2cm 的芒，芒细弱直立。内稃膜质，短于外稃。护颖膜质、等长，托着多个小花。

皮燕麦①的小穗枝梗短，一般其内外颖包着的小花长度不会超出护颖的长度，因而形成燕尾状，称为燕尾铃。而裸燕麦多为串铃型，即小穗枝梗比较长，而且一个比一个长，花朵形成一串，称为串铃型。饲用燕麦小穗数目的多少，随品种及幼穗分化阶段外界环境条件不同而有很大差别，一般每穗有 15~40 个小穗，有时达到 100 多个。小穗数的多少与品种有关，也因栽培条件不同而异。水肥条件充足，种植密度小，枝梗与小穗分化期间温度低、光照时间短，形成的小穗多，反之小穗少。就轮层来说，以第一轮的小穗数最多，约占 70%，第二轮约占 20%，第三轮约占 5%，第四轮及以上轮层约占 5%。

1.1.5　花

燕麦的小花由内外稃和雄雌蕊组成。内外稃各 1 片，膜质，内有雄蕊 3 枚，雌蕊 1 枚，单子房，二裂柱头呈羽毛状，子房被茸毛包着，子房两侧有鳞片 2 枚。开花前由内外稃紧紧包着雄蕊与雌蕊，开花后花丝将花药推出内外稃，为典型的自花授粉作物。饲用燕麦的内外稃与裸燕麦有所不同，其内外稃革质化，比较坚硬，成熟后紧紧包着种子（果实），脱粒后仍不与种子分离，故称为皮燕麦，紧包着的内外稃被称为壳。而裸燕麦的内外稃膜质化，比较软，成熟后易与种子分离，脱粒后内外稃破碎，种子呈裸粒状，故称裸燕麦。

饲用燕麦每个小穗着生 3~7 朵小花，有时更多，但通常结实小花只有 2~3 朵，有的可达 4~6 朵，结实数的多少与品种和栽培条件有关。结实数多的品种籽粒大小不均匀，差异比较大。一般以基部籽粒最大，依次递减。但结实率以基部第二小花最高，顶端的小花通常退化不结实。这些在主穗或分蘖穗上常常出现的发育不全的小穗花，称为花梢，由花梢造成的不育率一般为 10%~15%。

1.1.6　籽实

一般籽实按其化学成分和形态差异，可以分成皮层、胚乳和胚，这个分类方法也适合于商业用途，但不能反映其各部分基因、化学和功能差异。

1.1.6.1　皮层

皮层是籽粒的外套，包括在籽粒成长过程中分化而成的果皮、双层表皮、珠心层等。皮层间细胞在生长过程中互相挤压，导致细胞质大量减少，只剩下主要由碳水化合物和纤维素组成的细胞壁，还包含一些与酚类化合物有关的木质素，这些成分使皮层变得坚韧，难以消化。皮层中最主要的部分是糊粉层，它紧挨珠心层，包被着胚乳和部分胚。糊粉层是皮层中最厚的部分，从发育和基因控制方面均与胚乳有关，位于皮层的最内层，对加工影响很大，厚度一般为 50~150nm。糊粉层细胞是所有细胞中酚类化合物含量最高的组织器官。糊粉层还富含交联 β-(1,3)-D-葡聚糖和 β-(1,4)-D-葡聚糖。用刚果红染色后，发现它集中分布在糊粉层细胞的内侧域

---

① 多饲用，一般称为饲用燕麦，以下称为饲用燕麦。

内。虽然糊粉层中 β-葡聚糖含量比在胚乳中低，但因其强水合能力，使其起到膳食纤维的作用。

糊粉层中蛋白质与胚乳中蛋白质化学结构有所不同。糊粉层蛋白质的赖氨酸、苏氨酸、丝氨酸、丙氨酸含量比胚乳高，而谷氨酸、亮氨酸、异亮氨酸和苯丙氨酸含量却低于在胚乳中的含量。糊粉层细胞被无数单个蛋白体包被。糊粉层中蛋白质含量很高，占籽粒总蛋白质含量的一半。糊粉层中蛋白质结构很复杂，蛋白质基质与菲丁、烟酸、酚和碳水化合物互相连接。另外，糊粉层是水解酶的发源地，水解胚乳中物质供胚发育。一些酶，如脂肪酶，在成熟籽粒的皮层中就存在；而另一些酶，如 α-淀粉酶和麦芽糖酶，却在发芽过程中才合成。在种子发育过程中，分布于糊粉层的合成水解酶会受赤霉素等胚芽激素的控制。

1.1.6.2 胚乳

胚乳占成熟燕麦籽粒质量的 55%～70%，包含淀粉、蛋白质、脂肪和 β-葡聚糖。与糊粉层和胚芽不同，胚乳细胞相对代谢活性低，各种酶活性均较低。从结构和组成上看，胚乳细胞是籽粒中最简单的细胞，每个细胞均含有淀粉、蛋白质、脂肪和 β-葡聚糖。燕麦皮层中蛋白质含量较高，胚乳中仅占 40%～50%。燕麦也含有清蛋白、醇溶蛋白和谷蛋白。燕麦蛋白质大小差异较大，直径 0.2～6.0nm，与胚乳细胞大小相当。燕麦糊粉层和胚也富含脂肪，且胚乳中脂肪含量高达 6%～8%，这是燕麦与其他谷物不同之处。

另外，燕麦品种间淀粉含量差异较大（43%～64%），且与蛋白质含量呈负相关。燕麦淀粉具有较高的糊化特性和抗老化性质。燕麦淀粉颗粒以单个分子形式存在，分子直径为 4～10μm。越靠近糊粉层外层，脂肪、蛋白质和 β-葡聚糖含量越高，而淀粉含量变化趋势恰好与此相反，越靠近中心越高。

1.1.6.3 胚

与糊粉层相似，胚也是一个新陈代谢活动旺盛的器官。胚轴与盾片在胚中心部相连接，盾片由主质细胞和上皮细胞组成。主质细胞占籽粒胚质量的 80%，其细胞形状为圆球形，主要功能是贮存营养。在种子萌发过程中，主质细胞发育成脉管细胞，将其贮藏的营养素运输到盾片和胚芽轴。

胚中蛋白质的氨基酸组成与胚乳截然不同。其赖氨酸含量比胚乳中高 90%，谷氨酸低 37%，其他氨基酸含量也各有增减。在发芽过程中，胚和胚乳细胞分化形成两个独立的结构，进而完成发芽过程。

总之，燕麦籽粒的器官具备各不相同的新陈代谢功能。籽粒由许多成分组成，如蛋白质、淀粉、脂肪、维生素、酚类物质、酶，而每种成分在籽粒的不同位置分布也不同，且其含量也因品种不同而有差异。

1.2　燕麦生长发育过程

燕麦的生长发育过程，总的来讲，可分为三大阶段，即营养生长阶段、营养生长与生殖生长并进阶段及生殖生长阶段。营养生长阶段，是指从出苗到抽穗，主要是指燕麦根、茎、叶营养器官的建成。生殖生长阶段，是指从幼穗分化开始到抽穗、开花、籽粒成熟。

1.2.1 发芽出苗

燕麦的种子，在适宜的土壤水分、空气和温度条件下，开始吸水膨胀，当种子吸水达到种子重量的 65% 时，膨胀的种子体积不再增大，膨胀过程即告结束。在种子吸水膨胀过程中，各种酶的活性亦随之加强。在酶的活动下，贮存在胚乳中的各种营养物质（淀粉、蛋白质、脂肪等），转化为可溶性的易被胚吸收利用的营养物质，从胚乳输送到胚中用以胚的萌动。

燕麦种子发芽时，胚芽鞘首先萌动突破种皮，随之胚根萌动生长，突破根鞘生出3 条初生根。这些幼根上有很多细的根毛，具有吸收水分、养分的作用。随着胚根鞘的萌动，胚芽鞘也破皮而出，长出胚芽。一般将胚根长度和种子长度相等或为胚芽长度1/2 时，作为种子完全萌发的标志。

燕麦的胚芽鞘具有保护第一真叶出土的作用，其长度和播种深度关系密切。播种越深，胚芽鞘越长，幼苗也就因消耗大量基础营养而越弱。胚芽鞘露出地面即停止伸长，不久从中生长出第一片真叶。当第一片真叶露出地面 2~3cm 时即为出苗，全田有 50% 以上的幼苗达此标准为出苗日期。燕麦的发芽、出苗除与温度、水分、土壤质地、通透性有关外，其种子本身的质量也极为重要。饱满成熟度好的种子内含充足的养分，扎根快，叶片大，容易形成壮苗。燕麦种子有一定的休眠期，有长有短，少则 3~5d，多则几个月。在北方上一年收获的种子，经一个冬春的贮藏，多数可打破休眠期，其中打破休眠期的种子，出苗快而整齐。未打破休眠期的种子易导致发芽势弱，出苗率低，出苗不整齐，一般是野生种的种子休眠期长，如四倍体大燕麦种子休眠期在 3~6 个月。

1.2.2 分蘖扎根

燕麦出苗 10~15d 的时间相继长出 3 片叶，由第一片叶片叶鞘间开始出现分蘖并长出次生根。分蘖和次生根都是从近地表的分蘖节上长出的。分蘖节实质上包含着几个极短的节间和腋芽，从分蘖节的基部长出次生根。分蘖节不仅是着生分蘖和次生根的重要器官，而且因其贮藏了极为丰富的糖分，能提高燕麦对低温的抵抗能力。分蘖节的深浅对次生根深浅影响很大，一般分蘖节浅，次生根分布浅。次生根发生顺序由下向上，每节发根数一般为 1~3 条。

燕麦的分蘖与次生根的多少密切相关。通常每生成 1 个分蘖就相应生成 1~3 条次生根，燕麦根的主要部分一般分布在 30cm 的土层中，深的可达 2m。这些次生根可以充分吸收耕作层的水分和养分。由于根量较大，对增强燕麦的抗旱性、营养体的建成和产量构成都起着决定性作用。为了提高有效分蘖和形成强大的根系，必须在分蘖期间保证土壤有充足的水分和养料。

燕麦的分蘖是在分蘖节上由下向上依次发生的。由主茎叶腋间长出的分蘖称为一级分蘖，由一级分蘖叶腋间长出的分蘖称为二级分蘖，依此类推。在水肥条件较好的情况下，一级分蘖或二级分蘖能够抽穗结实，称为有效分蘖，不能抽穗结实的分蘖，为无效分蘖。一般燕麦的有效分蘖数为 1.8~2.3 个。影响燕麦分蘖的因素很多，主要有品种、播种时间、种植密度以及土壤水分、养分的供应状况等。在品种和种植密度一定的情况下，土壤水分和养分的供给状况是决定分蘖数与成穗率的重要因素。幼苗分蘖和幼穗分化是同时进行的，如果营养供应不良、土壤干旱或温度过高，会导致分蘖减少、次生根发育不良、穗变小。因此，保证分蘖期间的水分和养分是获得高产的前提。

1.2.3　拔节与孕穗期

燕麦在分蘖期，茎穗原始体就开始分化，当植株生长到 5~8 片叶时，茎第一节间开始伸长，即进入拔节期，拔节期是燕麦营养生长和生殖生长并重期，营养生长旺盛，生殖器官的分化加剧。此时关系到分蘖能否抽穗和穗部性状的发育，对穗数、铃数、穗粒数和产量影响极大。

燕麦每个节间的伸长，依靠于每个节基部的居间分生组织的生长，首先是第一节间开始伸长，而后依次向上。节间的长度也依次递增，拔节期是决定植株高度的时期，因此要根据品种、土壤肥力状况因地制宜地进行管理植株高的品种。土壤肥力高的地块容易发生倒伏，要适当控制肥水。土壤肥力低的地块要进行追肥浇水，提高成穗率。

当燕麦最后一个节间伸长，旗叶露出叶鞘时称为孕穗。全田有 50%以上的植株达到此标准为孕穗期。孕穗标志着燕麦进入以生殖生长为主的阶段。

燕麦的茎中空有节，每节着生一片叶，叶片以旗下 3 叶、4 叶最长，旗叶和地上 1~2 叶最短，燕麦顶部 1~3 叶称为功能叶，是灌浆过程中进行光合作用制造有机养分的主要器官。因此加强后期管理、延长功能叶的寿命对保证灌浆、增加千粒重、提高产量至关重要。燕麦的节间是靠该茎节基部的居间分生组织的生长而伸长的，首先茎基部第一节间开始伸长，而后依次向上，节间的长度也依次递增。以最上部的穗节最长，穗节长度占全株高度的 1/4~1/3。当穗节伸长时穗由旗叶伸出，通常以穗顶部小穗露出旗叶叶鞘时称为抽穗。从顶部小穗露出到全穗抽出，一般需要 4~8d。

1.2.4　开花成熟

燕麦是自花授粉作物，在穗尚未全部抽齐时，顶部小穗即行开花，边抽穗边开花。开花始期是在穗从旗叶抽出 4~5 个小穗后，顶部第一个小穗内的第一朵小花开始开放。全穗从开第一朵花至开花结束，历时 8~13d。一朵小花自花颖开始开放至闭合，历时 1.5~2.5h。燕麦开花每天只出现一次，即在 14：00—20：00。燕麦开花顺序为在一穗之中以顶部小穗最先开放，然后向下顺延，在同一轮层的分枝上，以两侧最长分枝的顶部小穗最先开放，依次向上向内顺序开放。在一个小穗上，以基部小花最先开放，然后顺序向上。

开花时位于子房两侧的鳞片吸水膨胀，迫使内外稃张开，此时花丝伸长，花药破裂，花粉散落在羽毛状的柱头上即为受精过程。受精后子房膨大，胚和胚乳开始发育，茎叶所制造的营养物质向籽粒输送，籽粒开始积累营养物质，籽粒中营养物质的积累过程，称为灌浆，燕麦灌浆结实成熟的顺序，同幼穗分化和开花的顺序一样，概括起来是自上而下，由外向里，由基部向顶端。即穗顶部小穗先成熟，下部后成熟，每个分枝顶端的小穗先成熟，基部的小穗后成熟，而每枚小穗的籽粒则是基部的先成熟，顶部的后成熟。燕麦籽粒成熟过程的这一特点，使全穗籽粒成熟颇不一致，通常当穗下部籽粒进入蜡熟时才能收获。另一方面，由于营养物质输送的先后和积累的多少不同，籽粒大小差异较大。一般以小穗基部的籽粒最大，第二粒、第三粒……依次逐渐变小，末端多为不孕小花。

1.2.5　灌浆与成熟期

授粉以后，子房开始逐渐膨大。积累营养物质，进入灌浆期。灌浆期与温度、湿度、光照有关，一般为30~40d。当燕麦穗变黄，籽粒变硬，达到品种种子固有大小时为成熟期。燕麦穗的结实—灌浆—成熟顺序同开花，即"自上而下、由外向内、由基部向顶部"。燕麦这种成熟过程的特点，不仅使整个穗的成熟度不一致，而且因光合同化物的分配规律差异而导致籽粒大小不匀。

1.3　燕麦生长环境条件

燕麦最适于生长在气候冷爽、雨量充沛地区。对温度要求较低，生长季炎热而干燥对其生长发育不利。适合在海拔高、气温低、无霜期短的地区生产。燕麦根系发达，水肥吸收利用能力强，较耐旱、耐瘠薄，对土壤要求不严，能适应各种不良自然条件，即使在荒坡、石砾地和干旱贫瘠土壤上也能生存。

不同燕麦品种在温度2~55℃条件下，经10~14d便可完成春化阶段，并能使植株提早抽穗1~4d。燕麦抗寒力较其他麦类强。幼苗能耐-4~-2℃低温，成株在-4~-3℃低温下仍能正常生长，在-5℃时才受冻害。生长期中需要的温度也低，拔节期至抽穗期要求15~17℃，抽穗期至开花期要求20~24℃。

燕麦不耐热，对高温特别敏感，当温度达38~40℃时，经过4~5h气孔就萎缩，不能自由开闭，而大麦需经20~26h，小麦需经10~17h，气孔才会失去开闭机能。开花期和灌浆期遇高温则影响结实。夏季温度较低地区，最适于种植燕麦。但是，燕麦在较高温度条件下能通过春化阶段，夏播也能抽穗开花。

燕麦为长日照作物，延长光照，生育期缩短。光照阶段时间长短因品种及气温而异，高寒地区的北方品种所需时间较长，分布在地中海气候区的燕麦所需时间较短。温度对生育期也有影响，高温时生育期缩短。

燕麦是需水较多的作物，不仅发芽时需要较多水分，且在其生育过程中耗水量也比大麦、小麦及其他谷类作物多。试验表明，燕麦的蒸腾系数为747，小麦为424，大麦为 403。总之，干旱缺雨、天气酷热是限制燕麦生产和分布的重要因素，在干旱地区种植燕麦一定要注意灌溉保墒工作。

燕麦对土壤的选择不严，可以种植在各种土壤上，如黏土、壤土、沼泽土等，以富于腐殖质的黏壤土和砂壤土最为适宜。在高寒牧区的粗耕地上，由于土壤腐殖质含量高，水分充足，即使整地较为粗糙，也可获得较高鲜草产量。但是干燥沙土，不适合其生长。土质比较黏重潮湿而不适于种植小麦、大麦和其他谷类作物时，却可以种植燕麦。燕麦对酸性土壤（pH 值 5.0~6.5）的反应不如其他谷类作物敏感，耐碱性不如大麦，但某些品种的耐碱能力较小麦强。

1.4 燕麦的起源、分类与分布

1.4.1 燕麦的起源

关于燕麦的起源国内外学者众说纷纭，多年来仍没有定论，目前世界上公认的燕麦四大起源中心：第一个是我国西部；第二个是地中海北岸；第三个是前亚伊朗高原一带；第四个是东非的埃塞俄比亚高原。燕麦的四大起源地中，我国西部以其独特的气象条件和地理位置，被认为是裸燕麦的起源中心和传统产地，距今有 3 000 多年的历史。而皮燕麦生产多以国外引进为主，其他 3 个起源中心的燕麦都是皮燕麦。

燕麦的 3 个水平遗传倍性是二倍体、四倍体和六倍体，它们都有一个基础的 7 号染色体，而它们种编号和种名的多样化来自对染色体描述的不同分类方法和不同标准。现在广泛种植的燕麦是 $2n = 6x = 42$ 的六倍体，发源于 3 个二倍体基因组（AA、CC、DD），其中 AA 和 CC 是有明显区别的两个二倍体染色体组，六倍体中 DD 基因组与 AA 基因组颇为相似，甚至有可能 DD 基因组就是 AA 基因组近期的一个变种，但目前还没有 DD 基因组被识别。

目前我国主要种植的是六倍体种：普通栽培燕麦（*A. sativa* L.）、大粒裸燕麦（*A. nuda* L.）和普通野燕麦（*A. fatua* L.）。经考古学家调查发现，燕麦最早出现在大麦和二粒小麦的耕地中，并被视为是一种杂草。随着栽培技术的进步和品种的进化，大麦和小麦逐渐向北方发展，而燕麦更适应北方的气候，最终被人们认可而进行种植。20 世纪前，燕麦在世界禾谷类作物产量中排名第六，排在小麦、玉米、水稻、大麦和高粱之后。遗传学家瓦维洛夫认为，燕麦的驯化和二粒小麦的种植相关。二粒小麦向北移动期间，燕麦作为杂草伴随其传播并作为栽培植物定居。六倍体裸燕麦在我国的多样化程度最高，欧洲的裸燕麦都是从我国传入的，但也有人认为我国和蒙古国的接壤地带是裸燕麦的初生基因中心。郑殿生和张宗文（2011）将山西和内蒙古南部作为大粒裸燕麦的多样性聚集点和发源地，并证实了瓦维洛夫的观点。

1.4.2 燕麦的分类

燕麦在植物学的分类系统中属于禾本科、燕麦族、燕麦属。现有燕麦属 25 个种如

表 1-1 所示。

表 1-1 燕麦属 25 个种

确定人	二倍体 $n=7$	四倍体 $n=14$	六倍体 $n=21$
木原均	短燕麦 沙漠燕麦 砂燕麦 小粒裸燕麦	细燕麦 阿比西尼亚燕麦	野红燕麦 普通栽培燕麦 地中海燕麦 普通野燕麦
奥玛拉补充	不完全燕麦 长毛燕麦 长颖燕麦 偏肥燕麦	威士野燕麦 瓦维络夫燕麦	裸燕麦 东方燕麦 南野燕麦
后人补充	加拿大燕麦 大马士革燕麦 匍匐燕麦	大燕麦 墨菲燕麦 大西洋燕麦	

1.4.3 燕麦在中国的分布

燕麦分布于世界五大洲 76 个国家，主要集中种植于亚洲、欧洲、北美洲北纬 40°以北地区。但集中的生产区域是北半球的温带地区。北纬 41°~43°被认为是燕麦的黄金生长带，海拔超过 1 000m，年平均气温 2.5℃，平均日照 16h，是燕麦生长的最佳自然环境。燕麦的主产区中，种植面积较大的国家主要是俄罗斯、加拿大、澳大利亚、中国、美国、巴西、阿根廷、乌克兰、波兰、芬兰、德国、瑞典、英国等。根据美国农业部公布的数据显示，近年来全球燕麦种植面积总体保持稳定，保持在 986 万 hm² 以上，燕麦产量保持在 2 000 万 t 以上，2019 年全球燕麦种植面积为 986 万 hm²，产量为 2 192 万 t，种植面积较上年有所上升，但产量有所下降。2019 年俄罗斯、加拿大、澳大利亚燕麦种植面积位居前三，分别为 278 万 hm²、105 万 hm² 和 87 万 hm²，欧盟燕麦种植面积达 267 万 hm²，占全球燕麦种植面积的 27.08%。

由于燕麦适宜生长在气候凉爽的条件下，生长速度较快，产量较高，可轮作种植，对土壤条件要求不严格，比其他类型的禾本科植物更能适应各种不良的自然条件，是自然条件较差的半干旱农牧区和高海拔地区的重要农作物和饲草料来源，所以种植分布很广，但主产区相对比较集中，主要分布在内蒙古阴山南北，河北坝上、燕山地区，山西太行、吕梁山区，陕西、甘肃、宁夏 3 省（区）的六盘山山麓以及云南、贵州、四川 3 省大小凉山地区。内蒙古地区燕麦主要分布在内蒙古的阴山北麓地区、赤峰市燕山余脉，是北方中晚熟燕麦产区。燕麦是牧区和农牧交错带的传统优势作物，种植面积在 7 万~13 万 hm²，年总产量 15 万 t，优势产区主要集中在乌兰察布市的商都县、凉城县、化德县、兴和县，锡林郭勒盟的太仆寺旗，赤峰市的翁牛特旗、克什克腾旗，呼和浩特市的武川县，包头市的固阳县。近年来，燕麦种植在西藏地区也取得了一定的发展。

1.5 燕麦价值

1.5.1 食用价值

燕麦营养丰富，食用方便，具有多种保健功能，例如脂肪含量低、纤维含量高（表1-2，表1-3）。随着西欧和北美洲消费者平均年龄的增长和保健意识的增强，食品对老年消费者身体健康的重要性将越来越突出，而燕麦则可能在该领域寻找到巨大的市场。西方消费者越来越清楚地认识到纤维在饮食中的重要性，而燕麦麸则是公认的最好的纤维来源之一，因此燕麦麸的消费量预计将迅速增长。美国科学家建议消费者每天至少要摄入35g纤维，以保证身体健康，但是，美国消费者实际纤维摄入量目前仅为11g。营养与保健是当代人对膳食的基本要求，裸燕麦作为谷物中最好的全价营养食品，恰恰能满足这两方面的需要。与其他谷物相比，燕麦具有独一无二的特色，即具有抗血脂成分、高水溶性胶体、营养平衡的蛋白质，它对人类提高健康水平有着异常重要的价值。燕麦在粮食中其蛋白质和脂肪的含量皆居首位，尤其是评价人体必需的8种氨基酸的含量也基本上居于首位，释热量和钙含量也高于其他粮食，磷、铁、维生素也较丰富。许多国家给燕麦以保健食品的誉称。燕麦有很高药用价值，具有多种保健功能。燕麦食品能降低血胆固醇，增加胆酸的排泄；能维持血糖平缓、控制饭后血糖上升，有助于糖尿病患者控制血糖；可以改善消化功能、促进肠胃蠕动，并改善便秘；可以促进伤口愈合；预防更年期障碍，改善血液循环，调整身体状况，能减轻更年期障碍症状；还有预防贫血、控制体重等功用。

表1-2 燕麦籽粒中蛋白质、脂肪和亚油酸含量 单位:%

种类	蛋白质			脂肪			亚油酸		
	平均	最高	最低	平均	最高	最低	平均	最高	最低
裸燕麦	16.09	19.6	8.7	6.8	10.6	3.5	41.4	47.7	36.1
皮燕麦	13.63	18.7	9.2	4.3	7.3	2.5	49.5	52.8	42.6

表1-3 燕麦片、粳米、小麦粉的营养成分

种类	热量（kJ）	蛋白质（%）	可膳食纤维（%）	可溶性纤维（%）
燕麦片	364	11~12	8.2	3.6
粳米	360	6	<6	>0.1
小麦粉	337	9.5	2	0.4

燕麦籽粒营养成分非常丰富（表1-4），燕麦中富含蛋白质、膳食纤维以及不饱和

脂肪酸。燕麦中人体必需的 8 种氨基酸、蛋白质、脂肪、维生素、矿物元素等营养指标含量在日常食用的 9 种禾谷类粮食中均居首位（表 1-5），具有极高的营养价值，其中，赖氨酸的含量比其他作物高 1.5~3.0 倍，并含有多种抗氧化物质，能够对多种疾病起到独特的疗效和保健作用。

表 1-4　8 种粮食籽粒中营养元素含量比较（每 100g）

营养成分	裸燕麦	小麦	大米	小米	荞麦	大麦	黄米	玉米
蛋白质（g）	15.6	9.4	5.7	9.7	10.6	10.5	11.3	8.9
脂肪（g）	8.8	1.3	0.7	1.7	2.5	2.2	1.1	4.4
碳水化合物（g）	64.8	74.6	76.8	76.1	68.4	66.3	68.3	70.7
热量（kcal）	391	349	349	359	354	352	329	358
粗纤维（g）	2.1	0.6	0.3	0.1	1.3	6.5	1.0	1.5
Ca（mg）	69	23	8	21	15	43	—	31
P（mg）	390	133	120	240	180	400	—	367
Fe（mg）	3.8	3.3	2.3	4.7	1.2	4.1	—	3.5
维生素 B_1（mg）	0.29	0.46	0.22	0.66	0.38	0.36	0.20	—
维生素 B_2（mg）	0.17	0.06	0.06	0.09	—	0.10	—	0.22
尼克酸（mg）	0.8	2.5	2.8	1.6	4.1	4.8	4.3	1.6

注：1kcal=4.18kJ，全书同。

表 1-5　主要谷物 100g 可食部分 8 种必需氨基酸含量　　　　　　单位：mg

食物名称	蛋白质（g）	异亮氨酸	亮氨酸	赖氨酸	甲硫氨酸	苯丙氨酸	色氨酸	缬氨酸	苏氨酸
小麦面粉	15.7	500	1 060	350	260	760	110	590	420
粳米	6.4	350	550	220	170	500	60	340	190
玉米面	8.5	280	1 110	170	190	480	40	460	270
小米	8.9	420	130	140	370	610	120	480	350
荞麦面	11.3	370	670	540	220	500	110	470	390
燕麦面	13.7	470	960	490	230	690	100	660	460

　　如今，越来越多以燕麦为主要原料的加工产品如燕麦片、燕麦饼干、八宝粥等出现在市场并深受人们的青睐。燕麦脂肪中富含的亚油酸，可降低胆固醇和血脂在心血管中的沉积，并可以预防动脉硬化和冠心病；燕麦的降血糖作用也得到了有关医疗和科研单位的证实，对糖尿病和肥胖具有一定的医疗保健作用。燕麦的营养价值和医疗作用不断被揭示和证实，因此，燕麦具有广阔的开发前景，它必将在保健食品日趋火爆的市场中

显示其作用。

1.5.2 饲用价值

燕麦的饲用价值也极高。燕麦籽粒是珍贵饲料，秸秆也是不可多得的优质牧草来源，而且燕麦的生育期短，能在短期内提供大量优质青饲料。燕麦鲜草、干草和青贮有较高的营养价值，是家畜的优质青饲料，含有丰富的粗蛋白质、脂肪和碳水化合物，并富含钙、磷、铁、铜、锌、锰、钾等矿物质和维生素，有较高的价值。

燕麦是青藏高原的主要饲料作物，具有适应性强，耐寒、耐旱、耐贫瘠、耐适度盐碱和营养价值高的优点，并具有产量高且相对稳定的特征，在冷季喂养中起着不可替代的作用，同时也是保证寒地畜牧业可持续发展的最佳作物。在高纬度地区，热量不足，气温相对较低，但降水充足，这样的生长条件不利于以收获籽实为目的的生产，更得不到高产稳产。然而，燕麦在这样的条件下却能够适应生长。在低温多雨的气候条件下，燕麦可以充分利用雨热同期的条件，在短期内迅速积累地上营养体，保证了其优质、高产。燕麦相较于其他农作物光能转化率高，且其青干草营养丰富。一般将栽培燕麦分为带稃型和裸粒型两大类。带稃型又称皮燕麦，多作饲草使用，故也被称为饲用燕麦。将其加工成干草或青贮饲料，营养损失率较小，饲用适口性好、消化率高；不仅可以单一种植，也可与其他如豌豆等作物混播，是提高养分的重要手段之一。

1.5.3 经济价值

随着人们对燕麦营养价值认识的不断深入。燕麦产品的需求量上涨将会带来一系列的链式反应，其经济价值将从中得到体现，市场需求的增长将带动加工企业的发展，转移农村剩余劳动力。进一步提高燕麦收购价格，提高农民种植积极性，扩大燕麦规模化生产，提高商品率，促进生产区工农业产值增长及农民增收。燕麦亦粮亦草的特性使其有潜力成为我国农牧交错带的重要饲料、饲草和特色粮食作物，可调节农业产业结构，提高畜牧业所占比例，促进畜牧业的快速发展，稳定畜产品市场价格。燕麦在我国属于名、特、优农作物，加强对这一特色作物的推广和种植，有利于调整农作物的品种结构。燕麦是短季作物，可用于一季栽培或复种栽培，有利于调整农作物的栽培结构，特别是对一季变两季、二元（粮-经）变三元（粮-经-饲）的农牧业结构调整具有独特作用。

燕麦是理想的营养食品和特色食品，燕麦的适种地区无污染，栽培过程中可不施农药，化肥投入量极低甚至不用化肥，可进行有机食品生产，对改善人们的膳食结构，防止心血管疾病、糖尿病和肠癌等具有显著的保健功效。种植燕麦具有"特色粮食多-饲草饲料多-优质畜禽多-有机肥料多-有机食品多-经济效益多-惠及健康多"的显著社会经济功效。在我国，燕麦主产区大多为生态环境脆弱地区，也往往是农业落后和农民比较贫困的地区，其主要原因是这些地区农作物产量低而不稳，经济效益较差。在这些地区种植燕麦，将会给当地农业生态环境改善、特色粮食生产、加工产品升级、经济效益增长和农牧业的良性发展带来难得的机遇，可生产出高附加值和广泛用途的具有地域优势的特色农产品，可变劣势为优势，从无收到有收，从少收到多收，从低效到高效。加强燕麦的种植和综合开发利用，将成为边困地区农民脱贫致富和寻求新的经济增长点的有效途径之一，是惠及"三农"的有效选择。

燕麦经济价值的实现依然任重而道远，国家现代农业产业技术体系的建立是实现其经济价值的重要举措，是联系政府部门、科研机构、加工企业、生产农户的枢纽和技术平台。这四部分环环相扣，成为一个联系紧密的系统，"燕麦价值"将在我国的特色作物科技进步、特色保健食品加工、特色产业形成等方面崭露头角，"燕麦效益"将在我国的农业生产、牧业生产和产业提升等方面日益显现，"燕麦经济"将在我国的农村经济建设和产业经济发展中发挥出应有的作用。

1.5.4　生态价值

人类从大自然中无限地攫取与自然资源有限的产出之间的矛盾日益突出，这一矛盾的激化使我们赖以生存的家园越来越不堪重负。具体表现为土地荒漠化、盐碱化、水土流失等生态环境问题。在世界人口基数庞大、惯性增长仍将持续，对资源需求仍将快速增长的大前提下，保证生态环境不遭受破坏的同时兼顾产出是当今世界农业亟须解决的问题。燕麦以其适应性强及粮草兼用的特性成为解决这一问题的先锋作物。燕麦须根发达，分蘖能力强，有较强的抗旱能力，且草层位盖度大，地上部分可以缓解风沙侵袭，地下部分可以蓄根培肥固土，能有效减少地表径流和无效蒸发。杨刚等（2011）的研究表明，高燕麦草在12种禾本科牧草中属于强抗旱性牧草。作物留茬可显著提高地表抗风蚀能力，在相同风速条件下，抗风蚀能力大小依次为燕麦茬地>玉米茬地>向日葵茬地>绿豆茬地。

部分燕麦品种具有休眠特性，连续播种几年后可不用再播种。西北草原区是我国重要的生态屏障。但由于过度放牧等原因草原退化严重，荒漠化问题日益凸显。燕麦在人工草场建设、退化植被修复和生态环境改善等方面的优良特性使其在重建草原生态、发展草地畜牧业、恢复草原文明等方面有着得天独厚的优势。我国东北平原半湿润区以西、西北干旱区以东的半干旱过渡地带，在我国农作制划分上属于北部低中高原半干旱凉温旱作兼放牧区。该区降水较少，多数为300～500mm，且较为集中，农业主要以粗放旱作传统小农农作制为主，水浇地只占11.1%。燕麦生育盛期处于雨季，水、热条件符合燕麦生长发育要求，故北方的旱作农区适宜种植燕麦，在该区推广种植燕麦对于保护地下水资源、防止耕地退化有着重要的生态意义。燕麦具有抗旱、耐贫瘠和适应性强等特性，不与其他主要农作物争好地，适于旱作农业生产，适于在沙化、碱化、退化土地种植，可使低产田或种植其他作物易绝收的土地收获一定产量；燕麦亦粮亦草，种植燕麦既有利于农区牧业的可持续发展，做到以农促牧，又能促进牧区农业的可持续发展，做到以牧养农。燕麦的适种地区无污染，栽培中可不施农药，化肥投入量极低甚至不用化肥，适合生产绿色食品和有机食品，种植燕麦具有显著的生态效益。

2 沙地饲用燕麦氮肥施用技术研究

2.1 概述

2.1.1 我国燕麦的发展情况

燕麦在我国栽培历史悠久，遍及各山区、高原和北部高寒冷凉地带，主要栽培地区在内蒙古、河北、山西、甘肃等省份，平均每年栽培面积在1 800万亩左右，我国以栽培裸燕麦为主，其栽培面积占燕麦播种面积的92%。近年来，基于农牧业结构调整的考量，饲用燕麦（皮燕麦）作为粮饲用作物，在东北地区有巨大的栽培空间、产量潜力和产业前景。

2.1.2 燕麦的营养价值

燕麦的生育期短，能在短期内提供大量优质青饲料，是发展畜牧业和饲养牲畜的主要饲草，饲用价值很高，是世界上最受重视的饲料作物之一。燕麦的籽粒富含脂肪、钙、磷、铁、锰、铜、锌、硅等矿物质和维生素 B_1、维生素 B_2，是高能量、高蛋白的优质精饲料，用燕麦籽粒喂养畜、禽，增膘长肉快，产乳、产蛋多，是饲养幼畜、老畜、病畜和重役畜以及鸡、猪等家畜家禽的优质饲料。青刈燕麦茎秆柔软，叶片肥厚，细嫩多汁，富含营养，适口性好，是奶牛等家畜的优质青饲料或青贮饲料。燕麦秸秆中含粗蛋白质含量为5.2%、粗脂肪含量为2.2%，均比谷草、麦草、玉米秸秆高；难以消化的纤维含量28.2%，比小麦、玉米、粟秸秆低4.9%~16.4%。燕麦茎叶中蛋白质、脂肪、可消化纤维等含量高，而难以消化的粗纤维较少，是不可多得的优质牧草。

2.1.3 施氮肥与燕麦生产性能的研究

植物体内氮含量充足，能促进植物细胞的分裂和增长，从而增加植物叶面积，进而增加光合作用总量。植物苗期缺氮会使作物生长缓慢、植株矮小、叶片薄而小、叶色发黄，会使禾本科作物分蘖减少；植物生长后期严重缺氮，会导致穗短小、籽粒不饱满，使作物产量降低。大量的研究报道表明，施氮肥可以增加作物产量，增产效果与施肥量和施肥时期有密切关系。

对禾本科牧草施氮肥，可增加单位面积植物分蘖、每株小穗数、每穗小花数、种子重量及结实率，进而提高牧草产量。施氮肥可显著增加分蘖，土壤肥力水平越低，氮肥的增加分蘖作用越明显，氮肥的供应状况对分蘖成活起决定作用。肖小平等（2007）通过田间试验表明，燕麦新品种'保罗'在施氮肥量为 90~135kg/hm² 的情况下，其植株鲜草和干草产量随着施氮肥量的增加而增加；干草中粗蛋白质、全磷、全钙、粗灰分含量随着施氮肥量的增加而提高，粗纤维含量则随着施氮肥量的增加而降低。施用氮肥不仅能增加燕麦植株营养体的产量，而且能改善干草的品质，在种植燕麦作为草食牲畜饲料时，为提高植株营养体产量和营养成分，应适当增施氮肥。胡承霖等（1994）研究表明，在所有的栽培措施中，氮肥的施用是所有因子中的主导因子。Ellen（1991）也指出，施氮肥促进了裸燕麦生长，进而提高其产量。Kenneth（1959）研究表明，施氮肥增加了燕麦穗粒数和亩穗数，而千粒重有下降趋势，但未达到显著水平。德科加等（2007）指出，以收获种子为目的时，施氮肥量为 60kg/hm²，以生产饲草为目的时，施氮肥量为 75kg/hm² 较为适宜。王立秋（1994）研究表明，提高施氮肥量，能明显提高产量，过量施氮肥，产量增加幅度减少。

2.1.4 施氮肥与植物生理的研究

氮素对作物生长发育非常重要，被称作植物的"生命元素"，是构成蛋白质的主要成分，还是细胞质、细胞核、酶以及叶绿素、核酸、维生素等重要组成成分，参与了植物体内代谢和能量系统的构成，对植物的生理代谢和生长发育有重要意义。植物吸收的氮素主要是铵态氮和硝态氮，也可以吸收利用有机态氮，如尿素等。铵态氮与硝态氮同时存在时，燕麦生长优于只有其中一种形态氮的处理，并且其根系生长量随硝态氮比例提高而增加。

氮素有助于提高叶片的保水能力和渗透调节能力，有助于提高小麦叶片的硝酸还原酶活性，有利于土壤中硝态氮向铵态氮的转化，有利于植物对氮的利用，降低蛋白酶、肽酶及核糖核酸酶活性，使蛋白质和 RNA 保持在较高的水平，减缓氮代谢紊乱。施氮肥可补偿水分胁迫导致的光合作用减弱，且净光合速率随施氮肥量的增加而增大。

氮素能直接影响植物的叶面积指数、叶绿素含量，进而影响植物的光合特性。研究表明，施氮肥可以明显增加叶面积指数，并且延缓叶片衰老，延长了其光合效用期，进而增加干物质的积累。氮素是叶绿素的主要成分，施氮肥能促进植物叶片合成叶绿素，进而增强叶片光合性能。然而，氮素过量则会导致禾本科作物贪青徒长。

氮肥过量或不足均可加快生育后期叶面积指数，加快穗位叶叶绿素含量的降低速率，使叶片早衰。姜东等（1997）认为，在小麦拔节期至孕穗期追施氮肥，可延缓根系衰老，增加粒重，提高产量。也有研究表明，在小麦生育后期追施一定量的氮肥也会延缓小麦衰老，但要适量，过多施氮肥会造成小麦后期贪青晚熟，青枯骤死。丙二醛（MDA）是细胞膜脂过氧化作用的产物之一，能间接表明细胞受损程度。植物受到胁迫时，植物体内抗氧化酶：超氧化物歧化酶（SOD）、过氧化物酶（POD）和过氧化氢酶（CAT）等被激活，相应的保护机制启动。SOD 能够清除植物体内的超氧自由基 O_2^-，POD 能够降解 H_2O_2，保护植物逆境胁迫下产生的氧化性物质对细胞的伤害。姜珊（2010）研究发现施用不同氮肥，一串红叶片生长前期，叶片可溶性蛋白质、叶绿素含量及 SOD 活性升高，但生长后期均持续降低，POD 活性在全生育期内则持续增加，她认为适宜的施氮量及氮素形态可在一定程度上延缓叶片的衰老。因此，研究燕麦生育期内 MDA 含量和抗氧化酶系统酶活性的变化，可以从生理层面间接表明植物的生理状态，进而阐明外界环境对作物产生的影响。

2.1.5 施氮肥与植物碳氮代谢的研究

碳和氮是植物体两大重要元素，它们的化合物在植物体的生命活动中起着关键作用。光合作用是植物同化 CO_2 的重要途径，对光合产物及干物质的形成与积累具有重要作用。叶片叶绿素含量的高低在一定程度上可以决定植株光合作用的强弱，也决定了干物质积累量的多少，在一定程度上两者呈正相关。在植物体中，碳素主要是依靠糖转运的。碳代谢增强，籽粒中可溶性糖和淀粉含量增加，可以提高大豆的产量。李红梅和杨黎娜（2011）在对 10 个华北小麦品种可溶性糖含量测定后发现，小麦生育后期碳代谢影响着最终的产量。

植物体内碳代谢和氮代谢过程是紧密相联的。Lu 等（2018）研究结果表明，低温和高糖均能够通过类似的机制促进水稻根系氮同化。碳代谢和 CO_2 同化都发生在叶绿体内，碳氮代谢过程均需消耗 CO_2 同化、光合以及电子传递过程产生的有机碳和能量。有研究表明，光合作用的能量及中间产物大部用于碳氮代谢，在部分组织中氮代谢甚至会消耗 55% 的光合作用能量。叶绿体中的 NO_3^- 同化除了需要光反应产生的铁氧还原蛋白，还需要碳代谢合成的酮酸作为碳架合成氨基酸。碳代谢需要氮代谢提供酶和色素，而氮代谢需要碳代谢提供的碳源和能量，两个过程均需要共同的还原力、ATP 和碳架。但有研究表明，NO_3^- 在弱光条件下抑制 CO_2 同化，强光下促进 CO_2 同化，NH_4^+ 在强光和弱光下均能促进 CO_2 同化。Henry 等（1991）的研究发现，氮胁迫下的烟草恢复供氮，氮素吸收迅速增加，根系中的碳水化合物含量降低到受胁迫之前的水平。前人研究发现，当根系吸收的氮素无法满足籽粒发育需求时，茎和叶中的氮素向籽粒转移量便增加，如果叶片中的氮消耗过多，则会削弱光合活性，从而加剧叶片衰老。Cliquet 等（1990）认为玉米在生殖生长阶段会利用营养生长阶段积累的碳素和氮素，并且利用的碳素比氮素多。

蔗糖合成酶（Sucrose Synthase，SS），是主要存在于细胞质中的可溶性酶，另有少量不溶的附着在细胞膜上。SS 在植物体内催化：果糖+UDPGG＝蔗糖+UDP，反应可逆，因此，SS 不仅可以催化蔗糖合成，而且可以催化蔗糖分解，但是通常认为蔗糖合成酶主要作用是分解蔗糖。植物果实（籽粒）蔗糖的降解主要由 SS 催化，有学者便将库器官的 SS 活性作为库强度的标志。棉花在花后同一时期，棉铃对位叶的 SS 活性随叶氮浓度升高呈先升后降的变化趋势。植物受逆境胁迫时，SS 活性会增强，进而使蔗糖积累增加，这是植物对逆境胁迫的一种保护性反馈。

植物对氮素的吸收与利用需在各种氮代谢酶的参与下进行，硝酸还原酶（NR）是植物氮代谢的起始因子及限速酶，是控制植物吸收的无机态氮向有机氮转化的第一步，其活性强弱直接影响氮代谢能力的高低。研究显示，可用水稻功能叶中的 NR 活性能直接评价水稻植株整体 NR 活性水平，并用其判断水稻产量；洪剑明和曾晓光（1996）研究认为，可以把小麦叶片中 NR 活性作为指导小麦施肥的重要标准。

2.1.6 合理施氮肥与环境污染研究

氮肥对农业生产贡献很大，是全世界、也是中国应用最多的化学肥料。合理施氮肥成为当代农业科学研究的一个重要组成部分。肥料使用不当，就会导致肥料利用率下降、生产成本增加、土壤质量下降、水体富营养化、地下水污染、农产品污染以及大气污染加剧等一系列问题。合理施氮，配方施肥，控源节流，加强土壤养分监测，是实现农业可持续发展的主要措施。连续 5 年观测小麦田排水中氮流失情况表明，施用尿素 104kg/hm² 、208kg/hm² 和 312kg/hm² 时，在生长旺季排水中的氮量分别是不施氮肥的 4.8 倍、9.6 倍和 12.7 倍，氮肥是引起水体富营养化的关键因素。过量氮素会经微生物等作用而形成硝态氮，渗入地下水，从而使地下水中硝酸盐含量超标，失去饮用水功能；大量施用氮肥，会增加农产品中的硝酸盐含量，降低产品品质；过量氮肥使土壤营养失衡和土壤微生物活性降低，进而影响草地植物经济产量。

2.1.7 研究目的及意义

近年来，通辽地区沙地饲用燕麦种植面积逐年扩大，然而生产中存在着较多不合理施肥现象，肥料管理水平也较为粗放，在浪费肥料增加生产成本的同时带来了水体污染等环境污染问题。合理施肥是生产中调控作物生长发育和产量形成的重要举措。以往的研究大多关注的是食用燕麦（裸燕麦）的栽培及肥料管理，且大多是在正常生产性能的土地上开展。本研究以饲用燕麦品种'贝勒'为试材，在科尔沁沙地这种贫瘠特殊的土地生产条件下，探讨了施用不同水平氮素对饲用燕麦生产性能、饲用品质、抗性生理糖代谢及氮素代谢的影响，以期探索沙地饲用燕麦的需氮规律，确定适宜科尔沁沙地饲用燕麦的最佳氮肥施用方案，进一步挖掘沙地饲用燕麦的增产潜力，提高沙地饲用燕麦的产量和品质，为沙地饲用燕麦种植提供理论依据。

2.2 材料与方法

2.2.1 试验地概况

试验于 2016 年 3—7 月在内蒙古通辽市珠日河沙化草地进行，地理位置 N43°36′、E122°22′。海拔 250～300m，年平均气温 6.2℃，≥10℃ 年活动积温 3 184℃，年平均日照时数 3 000h 左右，全年无霜期 150d，年均降水量 350～400mm，蒸发量是降水量的 5 倍左右，年平均风速 3～4m/s，为典型的温带大陆性季风气候。该地区土壤以砂壤土为主，新开垦草地。0～20cm 土壤：pH 值 8.3，有机质含量 0.64%，全氮含量 0.036%，碱解氮含量 35.37mg/kg，有效钾含量 77.51mg/kg，速效磷含量 3.71mg/kg。

2.2.2 试验设计

试验采用单因素随机区组设计，设置了 $0kg/hm^2$、$70kg/hm^2$、$140kg/hm^2$、$210kg/hm^2$、$280kg/hm^2$ 氮肥（纯氮）施用水平，分别用 N_0、N_{70}、N_{140}、N_{210}、N_{280} 表示，供试氮肥为尿素（含氮46%）。小区面积为 $15m^2$，4次重复，共20个小区。氮肥于苗期（15%）、分蘖期（40%）、拔节期（25%）、抽穗期（20%）4次施用。以表面撒施的方式施入土壤，每次施肥后立即灌水（喷灌）。

2.2.3 测定方法

于拔节期测定分蘖数，每个小区随机取 50cm 样段，数取植株数及相应的分蘖数量。于拔节期、孕穗期、抽穗期、灌浆期在每个小区随机选取10株测定株高、茎粗、叶面积、节间长度等生长指标，同时随机选取10株测定植株鲜重，105℃杀青15min后，75℃烘干至恒重，测定干物质含量。于灌浆期取样测定产量，每个小区随机选取 $1m^2$ 样方测定鲜草产量，取200g鲜样烘干后折算干草产量。于灌浆期采取鲜样，分别测定燕麦上、中、下部叶片的蔗糖含量、蔗糖合成酶含量、丙二醛含量、抗氧化酶活性等指标。各指示测定方法如下所示。

株高：用刻度尺准确量取，每个处理测定10株长势相似的植株，精确至毫米；

茎叶重、根重：用千分之天秤座称取重量；

抗氧化特性及氮代谢生理指标：参考邹琦（2000）主编的《植物生理生化实验指导》测定；

可溶性蛋白含量：考马斯亮蓝 G250 法；

氨基酸含量：茚三酮法；

硝态氮含量：水杨酸法；

硝酸还原酶活性：活体法；

可溶性糖含量：蒽酮比色法；

淀粉含量：蒽酮比色法；

丙二醛（MDA）含量：硫代巴比妥酸法；

过氧化物酶（POD）活性：愈创木酚法；

超氧化物歧化酶（SOD）活性：氮蓝四唑法；

过氧化氢酶（CAT）活性：紫外吸收法；

品质指标：将灌浆期饲用燕麦采收后晾干，粉碎过筛后测定相应指标；

粗脂肪：索氏脂肪提取法；

粗蛋白质：凯氏定氮法；

粗灰分：马弗炉灼烧法；

酸性洗涤纤维（ADF）：酸碱洗涤法；

中性洗涤纤维（NDF）：酸碱洗涤法。

2.2.4　数据处理

采用 DPS 2003 和 Microsoft Excel 2010 进行数据处理和作图。

2.3　结果与分析

2.3.1　不同氮肥处理对沙地饲用燕麦生长和生产性能的影响

2.3.1.1　氮肥对沙地饲用燕麦分蘖数量的影响

如图 2-1 所示，随着氮肥用量的增加，燕麦分蘖数呈先升高后降低趋势。其中 N_{210} 处理下燕麦分蘖数最高，极显著（$P<0.01$）高于 N_0 处理，N_{140} 和 N_{280} 处理的燕麦分蘖数显著（$P<0.05$）多于 N_0 处理，N_{70} 处理的燕麦分蘖数与 N_0 处理无显著差异（$P>0.05$）。由此说明，较高用量的氮肥能够促进沙地饲用燕麦的分蘖。

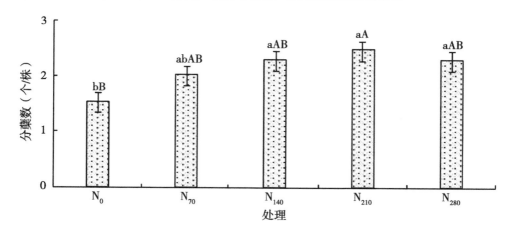

图 2-1　不同氮肥处理下燕麦分蘖数量

注：小写字母不同表示不同处理间差异显著（$P<0.05$），大写字母不同表示不同处理间差异极显著（$P<0.01$）。下同。

2.3.1.2　氮肥对沙地饲用燕麦株高的影响

如表 2-1 所示，孕穗期，N_{70} 和 N_{140} 处理的株高极显著高于 N_0 处理（$P<0.01$），其他生育时期显著高于 N_0 处理（$P<0.05$）；N_{210} 处理在不同生育时期株高均极显著高于 N_0 处理（$P<0.01$）；N_{280} 处理拔节期株高显著高于 N_0 处理（$P<0.05$），其他生育时期则极显著高于 N_0 处理（$P<0.01$）。随着氮肥用量的增加，株高呈逐渐增加的趋势，追施较高量的氮肥有利于沙地饲用燕麦植株生长。

表 2-1　不同氮肥处理下沙地饲用燕麦株高　　　　　　单位：cm

处理	拔节期	孕穗期	抽穗期	灌浆期
N_0	23.56±0.38bB	32.60±1.21cC	67.34±2.16bB	89.60±6.06bB
N_{70}	27.55±0.44abAB	41.96±1.12bB	76.52±2.25abAB	100.91±1.15abAB
N_{140}	27.82±1.19aAB	47.00±1.59abAB	83.14±1.28aAB	108.99±4.68aAB
N_{210}	30.52±0.24aA	51.80±1.20aA	86.54±2.78aA	117.18±2.88aA
N_{280}	27.98±1.53aAB	50.87±1.03aA	84.89±5.06aA	114.45±4.30aA

注：表中数据为平均值±标准误，同列小写字母不同表示不同处理间差异显著（$P<0.05$），同列大写字母不同表示不同处理间差异极显著（$P<0.01$）。下同。

2.3.1.3　氮肥对沙地饲用燕麦茎粗的影响

如表 2-2 所示，随着氮肥用量的增加，各时期燕麦茎粗均呈先升高后降低趋势。随着生育期的延长，燕麦茎粗呈先升高后降低趋势，抽穗期燕麦茎粗达到最大，灌浆期略有降低，这可能与灌浆期燕麦秸秆硬化有关。拔节期和孕穗期 N_{210} 处理的燕麦茎粗极显著（$P<0.01$）高于 N_0 处理，抽穗期、灌浆期 N_{210} 处理的燕麦茎粗显著（$P<0.05$）高于 N_0 处理。由此说明，氮肥能增加燕麦茎粗，较高氮肥处理对促进饲用燕麦的茎秆生长作用明显，但过多则不利于茎秆的生长。

表 2-2　不同氮肥处理下沙地饲用燕麦茎粗　　　　　　单位：mm

处理	拔节期	孕穗期	抽穗期	灌浆期
N_0	2.61±0.19bB	3.14±0.08cB	3.36±0.14bA	3.53±0.05abAB
N_{70}	3.29±0.18abAB	3.23±0.06bcB	3.61±0.09abA	3.69±0.10aAB
N_{140}	3.34±0.18abAB	3.38±0.06abcAB	3.80±0.11abA	3.26±0.12bB
N_{210}	3.96±0.17aA	3.67±0.07aA	3.98±0.06aA	3.77±0.07aA
N_{280}	3.75±0.19aA	3.46±0.08abAB	3.75±0.21abA	3.59±0.10abAB

2.3.1.4　不同氮肥处理对沙地饲用燕麦茎秆上部各节间长度的影响

如表 2-3 所示，抽穗期和灌浆期的燕麦各节位节间长度均随氮肥的增加呈先升高后降低的变化趋势，N_{210} 处理的燕麦不同节位节间最长，其中灌浆期不同节位的节间长度与 N_0 处理差异均达到极显著（$P<0.01$）水平，抽穗期则是倒三节、倒四节的节间长度极显著（$P<0.01$）高于 N_0 处理。一般而言穗秆最长，倒二节、倒三节、倒四节逐级降低。

表 2-3　不同氮肥处理下沙地饲用燕麦茎秆上部节间长度　　　　　单位：cm

生育时期	处理	节间位置			
		穗秆	倒二节	倒三节	倒四节
抽穗期	N_0	28.75±1.70bA	14.05±0.64bA	9.48±0.67bB	5.63±0.17cB
	N_{70}	36.00±0.46abA	16.85±0.78abA	13.45±0.86aA	9.20±0.40bA
	N_{140}	34.90±1.93abA	16.35±1.09abA	14.55±0.24aA	10.00±0.67abA
	N_{210}	37.75±2.36aA	18.63±0.46aA	14.78±0.59aA	11.13±0.22aA
	N_{280}	37.60±2.28aA	16.48±1.10abA	9.10±0.36bB	9.45±0.36abA
灌浆期	N_0	47.03±4.10bB	19.13±0.51dD	9.70±0.52cB	7.20±0.34cB
	N_{70}	53.90±0.99abAB	20.35±0.39cdCD	10.15±0.32cB	8.80±0.17abcAB
	N_{140}	58.08±1.88aA	23.48±1.06bcBC	10.28±0.43cB	8.35±0.12bcAB
	N_{210}	62.00±0.91aA	28.58±0.71aA	17.70±0.29aA	11.58±0.48aA
	N_{280}	61.50±0.87aAB	26.40±0.81abAB	14.48±1.08bA	9.48±0.73abAB

2.3.1.5　氮肥对沙地饲用燕麦功能叶叶面积的影响

如表 2-4 所示，抽穗期随着氮肥用量的增加，燕麦各位置功能叶叶面积基本呈先升高后降低趋势，其中 N_{210} 处理的燕麦旗叶、倒二叶、倒三叶叶面积均显著（$P<0.05$）高于 N_0 处理，倒四叶叶面积均极显著（$P<0.01$）高于 N_0 处理。另外，N_{140} 的旗叶、N_{280} 的倒二叶和倒四叶也均较 N_0 处理增加显著（$P<0.05$）。由此说明，较高用量氮肥有利于沙地饲用燕麦功能叶的生长。

表 2-4　不同氮肥处理下沙地饲用燕麦功能叶叶面积　　　　　单位：cm^2

生育时期	处理	叶片位置			
		旗叶	倒二叶	倒三叶	倒四叶
抽穗期	N_0	3.59±0.98bA	9.62±1.52bA	11.03±0.98bA	9.11±0.10cB
	N_{70}	9.35±1.26abA	18.52±2.67abA	15.77±1.64abA	11.41±0.63bcB
	N_{140}	10.49±1.86aA	17.36±2.16abA	15.31±1.68abA	12.26±0.82bcB
	N_{210}	10.98±1.60aA	20.85±2.50aA	19.21±2.41aA	18.91±0.32aA
	N_{280}	9.54±1.91abA	21.40±2.95aA	17.90±1.17abA	12.95±0.73bB

2.3.1.6　氮肥对沙地饲用燕麦物质积累的影响

如表 2-5 所示，随着氮素施用水平的增加，燕麦物质积累呈先升高后降低的变化趋势，其中 N_{210} 各生育时期燕麦鲜重、干重均极显著高于 N_0 处理（$P<0.01$），N_{280} 在各时期鲜重略有降低。孕穗期、抽穗期和灌浆期，N_{210}、N_{280} 处理的燕麦干重均极显著高于 N_0 处理（$P<0.01$）。灌浆期 N_{280} 处理的燕麦鲜重与 N_{210} 处理无显著差异，然而干重

却有所降低，这可能是由于过量的氮肥较大程度地促进了燕麦鲜重的增加却降低了其干物质的积累。总的来说，较高用量的氮肥可以促进沙地饲用燕麦的物质积累，有利于提高其产量。

表 2-5 不同氮肥处理下沙地饲用燕麦物质积累量　　　　　单位：g/10 株

测定项目	处理	拔节期	孕穗期	抽穗期	灌浆期
鲜重	N_0	10.60±0.89bB	31.41±2.70dC	45.84±11.20bB	51.03±5.97cB
	N_{70}	13.64±2.89bAB	45.17±7.41cdBC	77.45±18.58abAB	67.69±3.87bcB
	N_{140}	15.40±2.72aAB	56.87±8.27bcAB	108.17±23.47aAB	73.59±7.79bB
	N_{210}	18.32±1.90aA	76.82±10.82aA	119.73±28.47aA	122.90±13.29aA
	N_{280}	16.92±1.79aA	67.53±4.06abA	116.07±32.41aA	122.14±12.21aA
干重	N_0	2.29±0.42bA	7.39±1.08bB	10.44±2.43cB	20.23±1.39cC
	N_{70}	2.69±0.43abA	8.81±1.51abAB	15.71±1.18bA	26.28±2.78bcAB
	N_{140}	3.12±0.36abA	9.71±1.34abAB	17.55±1.55abA	25.10±2.99bcBC
	N_{210}	3.60±0.20aA	11.78±1.58aA	20.04±1.34aA	33.61±3.87aA
	N_{280}	3.54±0.87abA	10.83±1.69aA	19.56±2.40abA	30.78±2.31abAB

2.3.1.7　氮肥对沙地饲用燕麦鲜草、干草产量的影响

如表 2-6 所示，随着氮肥用量的增加，燕麦鲜草产量和干草产量呈先升高后降低趋势，鲜草、干草产量均以 N_{210} 处理达到最高。N_{140} 处理的燕麦鲜草产量显著高于 N_0 处理（$P<0.05$），N_{210}、N_{280} 处理的燕麦鲜草产量极显著高于 N_0 处理（$P<0.01$），N_{210} 和 N_{280} 处理的燕麦鲜草产量均显著高于 N_{70}（$P<0.05$）；N_{210} 和 N_{280} 处理燕麦干草产量极显著高于 N_0 处理（$P<0.01$），N_{210} 处理的燕麦干草产量显著高于 N_{70} 处理（$P<0.05$）；干物质含量以 N_0 处理最高，且极显著高于 N_{210} 和 N_{280} 处理（$P<0.01$），较高用量的氮肥能促使沙地饲用燕麦增产。

表 2-6 不同氮肥处理下沙地饲用燕麦鲜草、干草产量　　　　　单位：kg/hm²

处理	鲜草产量	干草产量	干物质含量（%）
N_0	15 862.09±993.75cB	4 449.62±349.33cB	27.97±0.55aA
N_{70}	29 306.31±2 444.44bcAB	6 984.04±554.87bcAB	23.86±0.60abAB
N_{140}	34 267.13±4 991.95abAB	7 783.87±825.71abAB	24.29±0.94abAB
N_{210}	46 085.53±4 908.56aA	9 847.99±758.32aA	20.90±0.97bB
N_{280}	45 105.88±1 218.72aA	8 880.61±386.05abA	20.83±1.53bB

2.3.2　不同氮肥处理对沙地饲用燕麦品质的影响

研究表明，灌浆期燕麦作为饲草不但品质好而且相对产量较高，因此，我们分别选取各处理灌浆期采收的燕麦，进行烘干、粉碎等处理后，采用相应的方法测定其粗脂肪、粗蛋白质、酸性洗涤纤维和中性洗涤纤维等饲用品质指标，进而对比各处理品质的优劣。

2.3.2.1　氮肥对沙地饲用燕麦粗脂肪含量的影响

如图 2-2 所示，随着氮肥施用量的增加，燕麦粗脂肪含量呈逐渐增加趋势，氮肥用量越大，植株粗脂肪含量越高，N_{70} 处理的燕麦粗脂肪含量与 N_0 处理无显著差异（$P>0.05$）。N_{280} 处理的燕麦植株粗脂肪含量极显著（$P<0.01$）高于 N_0 处理。高氮肥处理 N_{210} 和 N_{280} 的燕麦植株粗脂肪含量无显著差异（$P>0.05$），两处理的燕麦植株粗脂肪含量都显著高于 N_{140} 处理（$P<0.05$）。由此表明，较高用量的氮肥可以使燕麦植株粗脂肪含量显著增加，相对而言，每提高一个水平（70kg/hm²）的氮肥施用量，其处理的燕麦植株粗脂肪含量大约增加 33.3%。

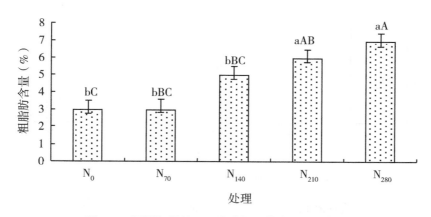

图 2-2　不同氮肥处理下沙地饲用燕麦粗脂肪含量

2.3.2.2　氮肥对沙地饲用燕麦粗蛋白质含量的影响

如图 2-3 所示，随着氮肥施用量的增加，燕麦粗蛋白质含量呈逐渐增加趋势，氮肥用量越大，植株粗蛋白质含量越高，N_{70} 处理的燕麦植株粗蛋白质含量与 N_0 处理无显著差异（$P>0.05$）。N_{280} 处理的燕麦植株粗蛋白质含量极显著高于 N_0 处理（$P<0.01$）。高氮肥处理 N_{210} 和 N_{280} 的燕麦植株粗蛋白质含量无显著差异（$P>0.05$）。较高用量（N_{210} 和 N_{280}）的氮肥显著增加燕麦植株粗蛋白质的积累。

2.3.2.3　氮肥对沙地饲用燕麦 NDF 和 ADF 含量的影响

如图 2-4 所示，随着氮肥施用量的增加，燕麦 NDF 含量呈逐渐降低趋势，氮肥用量越大，植株 NDF 含量越低。高氮肥处理 N_{210} 和 N_{280} 的燕麦植株中性洗涤纤维含量无显著差异（$P>0.05$），两个处理的燕麦植株 NDF 含量都极显著低于 N_0 处理（$P<0.01$）。

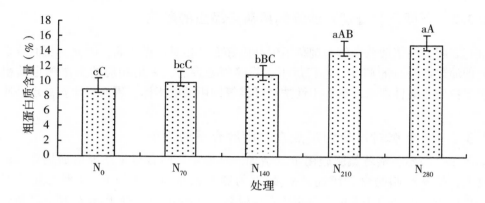

图 2-3　不同氮肥处理下沙地饲用燕麦粗蛋白质含量

由此表明，较高用量的氮肥可以使燕麦植株 NDF 含量显著降低，相对而言，提高施氮水平，其处理的燕麦植株 NDF 含量变化幅度不大，在 10% 左右。

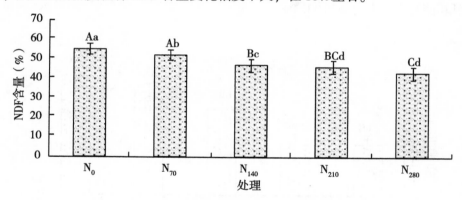

图 2-4　不同氮肥处理下沙地饲用燕麦 NDF 含量

如图 2-5 所示，随着氮肥施用量的增加，燕麦 ADF 含量呈逐渐降低趋势，氮肥用量越大，植株 ADF 含量越低。高氮肥处理 N_{210} 和 N_{280} 的燕麦植株 ADF 含量无显著差异（$P>0.05$），两个处理的燕麦植株 ADF 含量都极显著低于 N_0 处理（$P<0.01$）。高用量的氮肥可以使燕麦植株 ADF 含量显著降低，相对而言，提高施氮水平，其处理的燕麦植株 ADF 含量变化幅度较小。

2.3.2.4　氮肥对沙地饲用燕麦粗灰分含量的影响

如图 2-6 所示，随着氮肥施用量的增加，燕麦粗灰分含量呈逐渐减少趋势，氮肥用量越大，植株粗灰分含量越低，N_{70} 处理的燕麦植株粗灰分含量与 N_0 处理差异显著（$P<0.05$）。N_{280} 的燕麦植株粗灰分含量与 N_0 处理相比差异达到极显著（$P<0.01$）水平。N_{140} 和 N_{210} 处理的燕麦植株粗灰分含量显著降低（$P<0.05$），燕麦品质相对较高。

总的来说，增加氮肥的施用量，可以增加燕麦植株的粗脂肪、粗蛋白质含量，降低燕麦植株 ADF、NDF 和粗灰分的含量，增施氮肥能够提高燕麦饲用品质，随着氮肥施

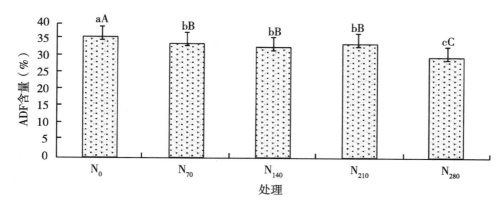

图 2-5　不同氮肥处理下沙地饲用燕麦 ADF 含量

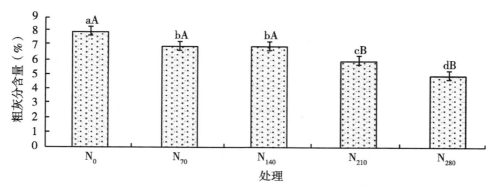

图 2-6　不同氮肥处理下沙地饲用燕麦粗灰分含量

用量的增加，燕麦的品质也随之增加，N_{210} 和 N_{280} 处理能够极显著提高燕麦植株的饲用品质。

2.3.3　不同氮肥处理对沙地饲用燕麦叶绿素含量的影响

如表 2-7 所示，拔节期，随着氮肥施用量的增加，燕麦叶片叶绿素 a、叶绿素 b 和总叶绿素含量均呈逐渐增加趋势；其中 N_0 处理的燕麦叶片总叶绿素含量最低，极显著低于 N_{210} 和 N_{280} 处理（$P<0.01$），相对而言，叶绿素 a 的所占比例较高，是叶绿素 b 的近 3 倍。孕穗期，随着氮肥施用量的增加，燕麦叶片叶绿素 a、叶绿素 b 和总叶绿素含量均呈逐渐增加趋势，叶绿素 a 所占比例量较高，是叶绿素 b 的近 2 倍，孕穗期燕麦叶片叶绿素 a 含量相对下降，总叶绿素含量也较拔节期下降。抽穗期，随着氮肥施用量的增加，燕麦叶片叶绿素 a、叶绿素 b 和总叶绿素含量均呈先升高后降低趋势，叶绿素 a 所占比例也是先降低后升高，较孕穗期叶绿素 a 含量相对增加，总叶绿素含量也较孕穗增加。灌浆期，随着氮肥施用量的增加，燕麦叶片叶绿素 a、叶绿素 b 和总叶绿素含量均呈先升高后降低趋势，叶绿素 a 所占比例是叶绿素 b 的近 2 倍，总叶绿素含量较抽穗期降低。从生育时期上看，随着生育时期的延长，燕麦叶绿素含量呈先降低后升高再

降低趋势，这可能与不同生育时期燕麦植株营养的分配不同有关。

表 2-7　不同氮肥处理下不同时期沙地饲用燕麦叶绿素含量　　　　单位：mg/g

生育时期	处理	叶绿素种类		
		叶绿素 a	叶绿素 b	总叶绿素
拔节期	N_0	0.87±0.02dB	0.34±0.02dB	1.21±0.04dB
	N_{70}	1.14±0.03cB	0.44±0.02cdA	1.57±0.05cB
	N_{140}	1.20±0.02bAB	0.45±0.03cA	1.65±0.03bA
	N_{210}	1.50±0.02abA	0.61±0.02bA	2.12±0.04abA
	N_{280}	1.80±0.01aA	0.87±0.01aA	2.67±0.03aA
孕穗期	N_0	0.67±0.05bA	0.35±0.02aA	1.02±0.07bA
	N_{70}	0.75±0.04abA	0.39±0.03aA	1.13±0.07aA
	N_{140}	0.72±0.04bA	0.39±0.04aA	1.11±0.08aA
	N_{210}	0.72±0.02bA	0.38±0.02aA	1.11±0.04aA
	N_{280}	0.81±0.03aA	0.42±0.06aA	1.23±0.09aA
抽穗期	N_0	0.54±0.02cC	0.28±0.01cC	0.82±0.03cC
	N_{70}	1.52±0.11bA	1.01±0.06bA	2.53±0.17bA
	N_{140}	1.54±0.12bA	1.04±0.04bA	2.58±0.16bA
	N_{210}	1.77±0.08aA	1.37±0.11aA	3.14±0.18aA
	N_{280}	1.30±0.09bB	0.65±0.08bB	1.94±0.17bB
灌浆期	N_0	0.50±0.03cC	0.25±0.01cC	0.75±0.04cC
	N_{70}	0.69±0.08bA	0.37±0.01bA	1.06±0.09bA
	N_{140}	1.24±0.12aA	0.66±0.02aA	1.90±0.14aA
	N_{210}	0.99±0.13aA	0.54±0.03aA	1.54±0.16aA
	N_{280}	0.93±0.08aA	0.52±0.03aA	1.45±0.11aA

2.3.4　不同氮肥处理对沙地饲用燕麦抗性生理的影响

MDA 是细胞膜脂过氧化作用的产物之一，能间接表明细胞的受损程度。植物受到不同程度的外界胁迫时，胁迫程度越小，其抗氧化系统启动的程度越低，相应的酶活性越低；当受到相同程度胁迫时，抗氧化酶系统酶活性越高，其抗逆性越强。本试验中涉及的是前一种情况，主要胁迫因子为不同的氮肥施用水平，氮肥施用量过高或过低都会对作物产生胁迫作用。

2.3.4.1　氮肥对沙地饲用燕麦叶片 MDA 含量的影响

如表 2-8 所示，灌浆期，随着各处理氮肥用量的增加，燕麦上部叶片 MDA 含量

与 N_0 处理无显著差异（$P>0.05$）；中部叶片 N_{210} 和 N_{280} 处理的燕麦 MDA 含量显著低于 N_0 处理（$P<0.05$）。灌浆期，N_0、N_{70} 和 N_{140} 处理的燕麦中部叶片膜质过氧化程度较 N_{210} 和 N_{280} 处理的严重，受到的伤害较大；下部叶片具有和中部叶片相同的变化规律。

表 2-8　不同氮肥处理下灌浆期沙地饲用燕麦 MDA 含量　　单位：μmol/g Fw

处理	叶片位置		
	上部叶片	中部叶片	下部叶片
N_0	0.043±0.002 1aA	0.040±0.002 2aA	0.047±0.001 2aA
N_{70}	0.044±0.003 0aA	0.044±0.001 7aA	0.042±0.001 0abA
N_{140}	0.045±0.001 2aA	0.039±0.002 1aA	0.044±0.001 6aA
N_{210}	0.046±0.004 2aA	0.031±0.002 1cA	0.042±0.001 6abA
N_{280}	0.040±0.001 8aA	0.035±0.001 8bA	0.038±0.001 5bA

2.3.4.2　氮肥对沙地饲用燕麦叶片 POD 活性的影响

如表 2-9 所示，灌浆期，随着氮肥用量的增加，燕麦上部叶片 POD 活性呈逐渐增加趋势，N_{210} 和 N_{280} 处理的燕麦叶片 POD 活性极显著高于 N_0 处理（$P<0.01$）；中部叶片 POD 活性随着氮肥用量的增加呈逐渐增加趋势，N_{140}、N_{210} 和 N_{280} 处理的燕麦叶片 POD 活性极显著高于 N_0 处理（$P<0.01$）；下部叶片具有和中部叶片相似的变化规律。从叶片位置上看，燕麦叶片 POD 活性具有下部>中部>上部的规律。

表 2-9　不同氮肥处理下灌浆期沙地饲用燕麦 POD 活性

单位：U/（min·g Fw）

处理	叶片位置		
	上部叶片	中部叶片	下部叶片
N_0	329.17±115.4d5D	400.51±114.25eC	591.67±110.32eD
N_{70}	709.09±116.12cCD	803.16±118.54dBC	901.39±117.63dC
N_{140}	1 122.60±113.24cC	1 226.01±122.23cB	1 436.11±132.12cB
N_{210}	1 556.57±118.11bB	1 574.49±125.25bB	1 729.04±133.31bB
N_{280}	1 853.28±119.02aA	1 930.30±136.98aA	2 143.81±141.01aA

2.3.4.3　氮肥对沙地饲用燕麦叶片 SOD 活性的影响

如表 2-10 所示，灌浆期，N_0 处理燕麦上部、中部叶片的 SOD 活性均极显著高于施用氮肥的各处理（$P<0.01$）；随着氮肥用量的增加，各处理上部叶片 SOD 活性与 N_0 处理无显著差异；N_{70}、N_{140} 和 N_{210} 处理燕麦中部叶片 SOD 活性随着氮肥用量的增加无显著差异（$P>0.05$），N_{280} 处理的燕麦叶片 SOD 活性极显著低于 N_0 处理（$P<0.01$）；

下部叶片 N_{280} 处理的燕麦叶片 SOD 活性显著低于 N_0 处理（$P<0.05$）。从叶片位置上看，燕麦叶片 SOD 活性具有下部>中部>上部的规律。

表 2-10　不同氮肥处理下灌浆期沙地饲用燕麦 SOD 活性　　　　单位：U/g Fw

处理	叶片位置		
	上部叶片	中部叶片	下部叶片
N_0	157.78±10.11aA	252.89±9.81aA	247.56±8.78aA
N_{70}	89.78±6.54bB	195.56±8.86bB	248.44±7.67aA
N_{140}	80.44±5.34bB	194.22±6.45bB	212.00±8.55aA
N_{210}	87.11±3.22bB	198.22±3.87bB	190.22±4.77aA
N_{280}	98.22±5.44bB	143.11±5.54cC	165.33±9.26bA

2.3.4.4　氮肥对沙地饲用燕麦叶片 CAT 活性的影响

如表 2-11 所示，灌浆期，随着氮肥用量的增加，燕麦上部叶片 CAT 活性呈逐渐降低趋势，N_{210} 和 N_{280} 处理的燕麦叶片 CAT 活性极显著低于 N_0 处理（$P<0.01$）；中部叶片 CAT 活性随着氮肥用量的增加呈逐渐增加趋势，N_{280} 处理的燕麦叶片 CAT 活性极显著高于 N_0 处理（$P<0.01$）；下部叶片具有和中部叶片相似的变化规律。从叶片位置上看，N_{70} 和 N_{140} 处理燕麦叶片 CAT 活性具有上部>中部>下部的规律，N_{280} 处理的燕麦叶片 CAT 活性具有中部>下部>上部的规律。

表 2-11　不同氮肥处理下灌浆期沙地饲用燕麦 CAT 活性

单位：U/（min·g Fw）

处理	叶片位置		
	上部叶片	中部叶片	下部叶片
N_0	357.11±11.21aA	142.44±9.85bB	102.67±5.88cB
N_{70}	293.11±12.11bA	233.56±16.62aA	164.00±6.36bAB
N_{140}	239.33±13.56cAB	250.00±14.56aA	225.33±5.52aA
N_{210}	226.89±14.41cdAB	248.89±14.44aA	220.00±2.24aA
N_{280}	210.89±10.56dB	258.56±13.24aA	234.22±7.86aA

2.3.5　不同氮肥处理对沙地饲用燕麦糖代谢的影响

2.3.5.1　氮肥对沙地饲用燕麦叶片蔗糖含量的影响

如图 2-7 所示，灌浆期，随着氮肥施用量的增加，燕麦上部叶片蔗糖含量呈逐渐降低趋势，其中 N_0 处理的蔗糖含量最大，极显著高于其他各处理（$P<0.01$）；施用不同量氮肥的各处理燕麦叶片蔗糖含量差异不显著（$P>0.05$）。燕麦中部叶片和下部叶片

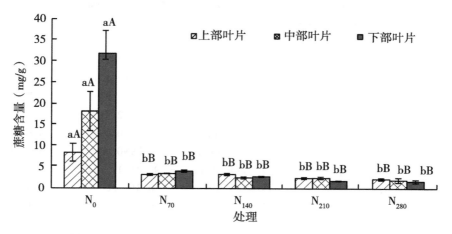

图2-7　不同氮肥处理下灌浆期沙地饲用燕麦叶片蔗糖含量

在不同的氮肥处理下蔗糖含量与上部叶片具有相同的变化规律。从叶片不同部位上看，N_0、N_{70} 和 N_{140} 处理的燕麦叶片蔗糖含量具有下部>中部>上部的规律，然而 N_{280} 处理的燕麦叶片蔗糖含量具有下部<中部<上部的规律；氮肥越多下部叶片蔗糖含量越低，这可能与氮肥多燕麦中部、上部叶片较大，对下部叶片有一定程度的遮阳，导致下部叶片合成的糖较少有关。在氮肥较少的情况下，相对而言植物吸收的磷钾肥越多，这也增加了其积累蔗糖的能力。

2.3.5.2　氮肥对沙地饲用燕麦叶片可溶性糖含量的影响

如表2-12所示，各生育时期，各处理燕麦随着氮肥施用量的增加，其上部、中部、下部叶片可溶性糖含量均呈逐渐降低趋势；其中 N_0 处理的燕麦叶片可溶性糖含量最大，极显著高于其他各处理（$P<0.01$），不同氮肥施用量的各处理燕麦叶片可溶性糖含量差异不显著（$P>0.05$）。孕穗期，N_{70}、N_{140}、N_{210} 和 N_{280} 处理的燕麦上部叶片可溶性糖含量分别较 N_0 处理降低 80.2%、84.3%、90.0%、93.8%，燕麦中部叶片和下部叶片在不同的氮肥处理下可溶性糖含量与上部叶片具有类似的变化规律。从叶片不同部位上看，孕穗期，N_0 处理燕麦叶片可溶性糖含量具有下部>中部>上部的规律，N_{70}、N_{140}、N_{210} 和 N_{280} 处理的燕麦叶片可溶性糖含量无显著差异（$P>0.05$）；抽穗期，N_0 处理燕麦叶片可溶性糖含量具有中部>下部>上部的规律，N_{70}、N_{140}、N_{210} 和 N_{280} 处理的燕麦叶片可溶性糖含量具有上部>中部>下部的规律；灌浆期，N_0、N_{70} 和 N_{140} 处理的燕麦叶片可溶性糖含量具有下部>中部>上部的规律，然而 N_{280} 处理的燕麦叶片可溶性糖含量具有下部<中部<上部的规律。从生育时期上看，随着生育时期的延长，上部叶片各氮肥处理的燕麦植株叶片可溶性糖含量呈逐渐降低趋势；中部叶片 N_0、N_{70} 和 N_{140} 处理的燕麦植株叶片可溶性糖含量呈逐渐降低趋势，N_{210} 处理的燕麦植株叶片可溶性糖含量呈逐渐增加趋势，N_{280} 处理的燕麦植株叶片可溶性糖含量呈先升高后降低趋势；下部叶片 N_0、N_{70} 和 N_{140} 处理的燕麦植株叶片可溶性糖含量呈逐渐降低趋势，N_{210} 和 N_{280} 处理的燕麦植株叶片可溶性糖含量呈逐渐增加趋势。

表 2-12 不同氮肥处理下不同时期沙地饲用燕麦叶片可溶性糖含量　单位：mg/g Fw

叶片位置	处理	生育时期		
		孕穗期	抽穗期	灌浆期
上部叶片	N₀	83.11±14.86aA	74.04±2.42aA	25.82±2.67aA
	N₇₀	16.49±3.22bB	19.02±1.27bB	15.79±1.70bB
	N₁₄₀	13.08±1.42bB	11.04±2.21cC	9.48±0.40cC
	N₂₁₀	8.27±1.60bB	7.53±0.85cC	6.83±0.88cC
	N₂₈₀	5.18±0.46bB	7.28±0.54cC	5.09±0.27cC
中部叶片	N₀	152.18±40.25aA	99.81±11.14aA	45.78±9.82aA
	N₇₀	19.80±3.50bB	18.31±6.60bA	16.08±1.43bB
	N₁₄₀	13.48±3.76bB	9.54±2.17bcB	7.10±0.72bcB
	N₂₁₀	5.01±0.48bB	6.18±2.55cB	7.86±0.50cB
	N₂₈₀	4.29±0.75bB	6.99±085bcB	5.08±1.36cBB
下部叶片	N₀	159.11±10.69aA	99.47±19.35aA	61.20±17.26aA
	N₇₀	16.52±1.95bB	15.90±18.65bB	14.29±3.14bB
	N₁₄₀	15.59±1.94bB	7.27±2.91cB	8.98±1.66bB
	N₂₁₀	4.98±1.72cB	6.76±1.30cB	10.03±0.64bB
	N₂₈₀	3.77±0.67cB	5.88±1.23cB	7.45±1.41bB

2.3.5.3　氮肥对沙地饲用燕麦叶片淀粉含量的影响

如表 2-13 所示，各生育时期，各处理燕麦随着氮肥施用量的增加，其上部、中部、下部叶片淀粉含量均呈逐渐降低趋势；其中 N₀ 处理的燕麦叶片淀粉含量最大，极显著高于其他各处理（$P<0.01$）；N₂₈₀ 处理的燕麦叶片淀粉含量最小。从叶片不同部位上看，随着生育期的延长，N₀ 处理燕麦各部位叶片淀粉含量具有先升高后降低的规律，孕穗期上部叶片 N₀ 处理的燕麦叶片淀粉含量是高氮肥处理（N₂₈₀）的 4.78 倍；N₂₈₀ 处理的燕麦叶片淀粉含量极显著低于 N₀ 处理（$P<0.01$）；抽穗期和灌浆期，N₇₀、N₁₄₀、N₂₁₀ 和 N₂₈₀ 处理的燕麦不同部位叶片淀粉含量相差较小；随着生育时期的延长，燕麦上部、中部和下部相同氮肥处理下的叶片淀粉含量呈先降低后升高趋势。

表 2-13 不同氮肥处理下不同时期沙地饲用燕麦叶片淀粉含量　单位：mg/g Fw

生育时期	处理	叶片位置		
		上部叶片	中部叶片	下部叶片
孕穗期	N₀	24.86±1.57aA	40.67±1.61aA	38.27±1.20aA
	N₇₀	10.95±1.19bB	14.83±1.41bB	15.33±1.40bB
	N₁₄₀	11.27±1.70bB	12.78±1.79bB	11.10±1.38bB
	N₂₁₀	8.82±0.86bcBC	9.53±0.47bB	11.20±1.56bB
	N₂₈₀	5.20±0.74cC	7.72±1.09bB	8.38±1.75bB

（续表）

生育时期	处理	叶片位置		
		上部叶片	中部叶片	下部叶片
抽穗期	N_0	10.12±1.15aA	21.98±2.50aA	14.47±0.92aA
	N_{70}	7.28±2.01bB	7.18±1.29bB	12.78±0.99aAB
	N_{140}	5.68±0.19bcBC	5.77±0.68bcBC	6.53±1.08bAB
	N_{210}	5.30±0.22cBC	3.30±0.35cC	4.53±0.03bB
	N_{280}	4.38±0.64cC	4.95±0.65bcBC	5.07±1.20bB
灌浆期	N_0	24.03±5.13aA	35.92±4.06aA	33.43±5.65aA
	N_{70}	17.42±1.63abA	17.92±1.93bAB	15.38±1.48bcBC
	N_{140}	10.00±1.08bcA	9.67±0.83cB	10.95±0.66cC
	N_{210}	8.07±1.27cAB	7.55±1.73cB	8.57±1.77dC
	N_{280}	6.93±0.98aA	7.47±0.58dB	7.67±0.82bcBC

2.3.5.4 氮肥对沙地饲用燕麦叶片蔗糖合成酶活性的影响

如图 2-8 所示，灌浆期，随着氮肥施用量的增加，燕麦上部叶片蔗糖合成酶活性呈逐渐降低趋势，其中 N_{70} 处理的蔗糖合成酶活性最高，极显著高于 N_0 处理和其他各处理（$P<0.01$），N_{280} 处理燕麦叶片蔗糖合成酶活性极显著低于 N_{70} 和 N_{140} 处理（$P<0.01$）。燕麦中部叶片和下部叶片在不同的氮肥处理下蔗糖合成酶活性与上部叶片具有相同的变化规律。从叶片不同部位上看，N_0、N_{70}、N_{140}、N_{210} 和 N_{280} 处理燕麦叶片蔗糖合成酶活性均具有下部>中部>上部的规律。表明高用量氮肥使燕麦蔗糖合成酶活性降低，燕麦下部叶片蔗糖合成酶活性较中部和上部高。

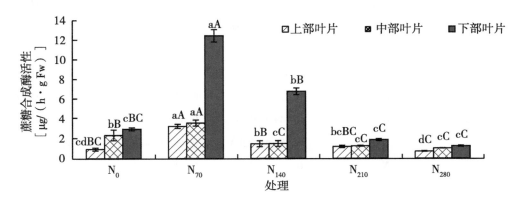

图 2-8 不同氮肥处理下灌浆期沙地饲用燕麦叶片蔗糖合成酶活性

2.3.6 不同氮肥处理对沙地饲用燕麦叶片氮代谢的影响

2.3.6.1 氮肥对沙地饲用燕麦叶片氨基酸含量的影响

如表 2-14 所示，各生育时期，随着氮肥施用量的增加，燕麦各部叶片氨基酸含量均呈逐渐增加的趋势；其中 N_0 处理的燕麦叶片氨基酸含量最小，N_{280} 处理的燕麦叶片氨基酸含量显著高于 N_0 处理（$P<0.05$）。从叶片不同部位上看，孕穗期、抽穗期和灌浆期，N_0 处理燕麦叶片氨基酸含量在下部、中部、上部 3 个部位的差别不大，N_{70}、N_{140}、N_{210} 和 N_{280} 处理的燕麦叶片氨基酸含量基本上呈上部>中部>下部的规律。从生育时期上看，随着生育时期的延长，上部、中部、下部叶片相应的各氮肥处理的燕麦植株叶片氨基酸含量呈逐渐增加趋势，灌浆期各部叶片氨基酸含量达到最大。由此表明，氨基酸的积累首先在生命活动活跃的上部叶片较多，中部叶片次之，下部叶片最弱；施用氮肥能够显著增加燕麦叶片氨基酸的积累量，且积累水平随着氮肥施入量的增加而增大；随着生育时期的延长，各部叶片的氨基酸含量增加，然而上部叶片相对增加得较多，下部叶片相对增加得较少，这可能与灌浆期燕麦生命活动进入高峰有关。灌浆期是燕麦由营养生长向生殖生长转化的高峰，此时燕麦需要大量吸收水分和矿质营养以供给授粉后的籽粒合成淀粉等贮藏物质，生命活动也进入了最旺盛阶段。因此氮代谢相对其他时期也高，氨基酸含量也最高。

表 2-14　不同氮肥处理下不同时期沙地饲用燕麦叶片氨基酸含量　　单位：mg/g Fw

生育时期	处理	叶片位置		
		上部叶片	中部叶片	下部叶片
孕穗期	N_0	0.11±0.02bB	0.11±0.02cdA	0.09±0.02cB
	N_{70}	0.26±0.06abAB	0.14±0.03bcdA	0.19±0.04bcA
	N_{140}	0.32±0.01aAB	0.16±0.04bA	0.17±0.02bcAB
	N_{210}	0.37±0.03aAB	0.26±0.05aA	0.22±0.03abA
	N_{280}	0.44±0.02aA	0.25±0.08abA	0.26±0.03aA
抽穗期	N_0	0.49±0.03cB	0.36±0.02bB	0.23±0.01cB
	N_{70}	0.81±0.02bA	0.58±0.02aA	0.35±0.04abcAB
	N_{140}	0.74±0.01bA	0.62±0.01aA	0.38±0.02abAB
	N_{210}	0.75±0.022bA	0.48±0.04abAB	0.32±0.05bcAB
	N_{280}	0.96±0.02aA	0.52±0.06aAB	0.48±0.02aA

（续表）

生育时期	处理	叶片位置		
		上部叶片	中部叶片	下部叶片
灌浆期	N_0	1.07±0.01dC	0.71±0.10cC	0.45±0.04dC
	N_{70}	1.63±0.02cB	1.19±0.09bB	0.89±0.04cB
	N_{140}	2.15±0.01bA	1.64±0.23aA	1.35±0.15abA
	N_{210}	2.56±0.23aA	1.43±0.19abAB	1.52±0.11aA
	N_{280}	2.29±0.25abA	1.60±0.12aAB	1.22±0.12bA

2.3.6.2　氮肥对沙地饲用燕麦叶片可溶性蛋白的影响

如表 2-15 所示，孕穗期，各处理与 N_0 处理燕麦上部叶片可溶性蛋白含量无显著差异，随着氮肥施用量的增加其处理的燕麦叶片可溶性蛋白含量有逐渐增加趋势，燕麦中部叶片和下部叶片在不同的氮肥处理下可溶性蛋白含量与上部叶片具有类似的变化规律。从叶片不同部位上看，孕穗期，N_0、N_{70} 和 N_{140} 处理燕麦叶片可溶性蛋白含量具有上部>中部>下部的规律，N_{210} 和 N_{280} 处理的燕麦叶片可溶性蛋白含量具有下部>上部>中部的规律；抽穗期，N_0、N_{70}、N_{140}、N_{210} 和 N_{280} 处理燕麦叶片可溶性蛋白含量具有上部>中部>下部的规律；灌浆期燕麦上部、中部、下部叶片可溶性蛋白含量具有和抽穗期相同的规律。从生育时期上看，随着生育时期的延长，N_0 处理和各氮肥处理的燕麦各部位叶片可溶性蛋白含量呈逐渐增加趋势；灌浆期，上部叶片 N_{210} 处理的燕麦可溶性糖含量最高，孕穗期下部叶片 N_0 处理的燕麦叶片可溶性糖含量最低。从氮肥处理上看，各时期各处理燕麦随着氮肥施用量的增加，其处理的燕麦各部位叶片可溶性蛋白含量均呈逐渐增加趋势；其中 N_0 处理的燕麦叶片可溶性蛋白含量最小，N_{280} 处理的燕麦叶片氨基酸含量显著高于 N_0 处理（$P<0.05$）。因此，燕麦上部叶片是积累可溶性蛋白较高的部位，中部次之，下部最低；氮肥能够促进燕麦叶片积累可溶性蛋白，其促进程度随着氮肥用量的增加而增强。

表 2-15　不同氮肥处理下不同时期沙地饲用燕麦叶片可溶性蛋白含量

单位：mg/g Fw

生育时期	处理	叶片位置		
		上部叶片	中部叶片	下部叶片
孕穗期	N_0	10.52±3.15aA	7.76±0.89bB	6.76±1.12dD
	N_{70}	27.64±2.55aA	24.17±3.24bAB	17.79±1.63cC
	N_{140}	38.66±5.31aA	20.91±0.51bAB	20.85±2.56cC
	N_{210}	38.23±2.01aA	35.92±3.22abAB	61.91±3.50aA
	N_{280}	29.20±2.65aA	26.47±3.83aA	36.46±1.80bB

（续表）

生育时期	处理	叶片位置		
		上部叶片	中部叶片	下部叶片
抽穗期	N_0	12.91±4.79cB	8.57±1.45cB	8.14±1.47cB
	N_{70}	24.73±0.97bAB	18.46±1.65abA	13.29±1.17bB
	N_{140}	27.86±3.90bA	15.80±1.35bAB	14.35±1.76bB
	N_{210}	37.96±2.74aA	24.21±2.00aA	14.38±0.96bB
	N_{280}	38.73±2.47aA	24.84±2.95aA	20.89±2.09aA
灌浆期	N_0	32.38±2.71cB	20.04±0.87cB	16.20±1.76bA
	N_{70}	46.30±1.79bcAB	38.83±2.00abA	23.18±3.44abA
	N_{140}	62.23±3.84aA	39.16±3.73abA	28.73±0.58abA
	N_{210}	64.54±2.44aA	34.67±2.26bA	30.50±3.07abA
	N_{280}	57.68±2.55abA	43.44±4.70aA	36.85±4.14aA

2.3.6.3 氮肥对沙地饲用燕麦叶片硝态氮含量的影响

如表 2-16 所示，孕穗期，各处理上部叶片硝态氮含量无显著差异，随着氮肥施用量的增加其处理的燕麦叶片硝态氮含量无明显变化规律，燕麦中部叶片在不同的氮肥处理下硝态氮含量与上部叶片具有类似的变化，下部叶片随着氮肥施用量的增加其处理的燕麦叶片硝态氮含量呈逐渐增加趋势，其中 N_{280} 处理的燕麦叶片硝态氮含量极显著高于 N_0 处理（$P<0.01$）。从叶片不同部位上看，不同生育时期，总体上各氮肥处理的燕麦叶片硝态氮在上部叶片、下部叶片和中部叶片的含量差别不大，无明显的分布规律。从生育时期上看，随着生育时期的延长，N_0 处理和各氮肥处理的燕麦各部位叶片硝态氮含量呈先降低后升高趋势；孕穗期，N_0 处理燕麦植株上部叶片硝态氮含量最高，下部叶片的硝酸盐含量最低；各氮肥处理中，N_{280} 处理燕麦植株下部叶片的硝酸盐含量最高。抽穗期，各部位叶片随着氮肥用量的增加，燕麦植株叶片硝态氮含量呈先降低后升高趋势，N_0 和 N_{280} 处理叶片的硝酸盐含量呈上部>中部>下部的规律。灌浆期，各处理燕麦各部位叶片硝态氮含量差别不大，与氮肥施用量无明显规律性变化。

表 2-16　不同氮肥处理下不同时期沙地饲用燕麦叶片硝态氮含量　单位：mg/kg Fw

生育时期	处理	叶片位置		
		上部叶片	中部叶片	下部叶片
孕穗期	N_0	0.52±0.02aA	0.47±0.02aA	0.19±0.03bB
	N_{70}	0.26±0.15aA	0.42±0.02aA	0.28±0.01abA
	N_{140}	0.42±0.02aA	0.43±0.01aA	0.33±0.04abA
	N_{210}	0.20±0.03aA	0.32±0.06aA	0.36±0.05abA
	N_{280}	0.30±0.05aA	0.43±0.02aA	0.49±0.02aA

（续表）

生育时期	处理	叶片位置		
		上部叶片	中部叶片	下部叶片
抽穗期	N_0	0.26±0.05aA	0.23±0.05abA	0.15±0.02aA
	N_{70}	0.24±0.01aA	0.21±0.05abA	0.18±0.03aA
	N_{140}	0.19±0.03aAB	0.19±0.01abA	0.15±0.05aA
	N_{210}	0.11±0.01bB	0.16±0.03bA	0.15±0.03aA
	N_{280}	0.19±0.01aAB	0.25±0.03aA	0.21±0.04aA
灌浆期	N_0	0.33±0.01aA	0.29±0.01aA	0.34±0.05bAB
	N_{70}	0.37±0.05aA	0.28±0.02aA	0.27±0.05bB
	N_{140}	0.31±0.02aA	0.34±0.03aA	0.38±0.05abAB
	N_{210}	0.37±0.03aA	0.30±0.02aA	0.34±0.04bAB
	N_{280}	0.36±0.03aA	0.31±0.02aA	0.48±0.10aA

2.3.6.4　氮肥对沙地饲用燕麦叶片硝酸还原酶活性的影响

如表 2-17 所示，从氮肥施用水平上看，灌浆期燕麦上部、中部和下部叶片硝酸还原酶活性随着氮肥施用量的增加均呈先升高再逐渐降低趋势，其中 N_{70} 处理的燕麦上部叶片硝酸还原酶活性最大，极显著高于 N_{280} 处理（$P<0.01$）；中部和下部叶片硝酸还原酶活性具有和上部叶片相似的规律。氮肥用量越大，其处理的燕麦叶片硝酸还原酶活性越低，氮肥施用量越小，其处理的硝酸还原酶活性越高，这可能是与在燕麦根系能够吸收到足够的铵态氮时，其根系吸收的硝态氮所占的比例较小，因而发生的硝酸还原反应较弱有关。从叶片不同部位上看，N_0 处理的燕麦叶片硝酸还原酶活性具有下部>中部>上部的规律，施用氮肥的各处理燕麦叶片硝酸还原酶活性具有上部>中部>下部的规律。基本表现为上部叶片硝酸还原酶活性高于中部和下部叶片，由此表明，硝酸还原酶催化的氮代谢主要活跃在上部叶片。

表 2-17　不同氮肥处理下灌浆期沙地饲用燕麦叶片硝酸还原酶活性

单位：μg/（h·g Fw）

生育时期	处理	叶片位置		
		上部叶片	中部叶片	下部叶片
灌浆期	N_0	0.045 8±0.002 9bB	0.051 3±0.010 9bB	0.069 6±0.014 3aA
	N_{70}	0.081 6±0.011aA	0.084 8±0.009 1aA	0.076 2±0.005 1aA
	N_{140}	0.073 9±0.010 3aA	0.076 6±0.005 2aA	0.059 7±0.039 9aAB
	N_{210}	0.020 1±0.001 1aA	0.020 7±0.001 1cC	0.013 2±0.008 1bB
	N_{280}	0.015 3±0.002 2cC	0.010 9±0.000 9cC	0.010 6±0.003 8bAB

2.4 讨论

2.4.1 氮肥对沙地饲用燕麦生长的影响

氮是植物需求较大的营养元素，其供应量不足会限制植物生长和生物量，大量研究结果表明，合理施氮是促进燕麦生长、增加产量和控制品质的主要措施之一。

本研究中，随着氮肥用量的增加，燕麦分蘖数、茎粗、各节位节间长度、叶面积呈先升高后降低的变化趋势，燕麦株高呈逐渐增加趋势，较高用量的氮肥能够显著地促进沙地饲用燕麦的分蘖以及株高、茎粗、节间长和功能叶的生长。

崔纪涵（2015）在研究不同施氮量对西藏农田燕麦、青稞生长和产量的影响时发现，在一定范围内，随着施氮量的增加，燕麦、青稞的单叶面积、叶面积指数、叶数、株高、主穗长度、小穗数、穗粒数呈线性或二次曲线性增长；燕麦、青稞的籽粒、叶部、茎部产量随施氮量增加呈二次曲线性增长，与本研究结果一致。

2.4.2 氮肥对沙地饲用燕麦产量和饲用品质的影响

本研究表明，随着氮肥用量的增加，燕麦鲜草产量和干草产量呈先升高后降低趋势，鲜草、干草产量均在 N_{210} 处理达到最高。N_{210} 和 N_{280} 处理燕麦干草产量极显著高于 N_0 处理（$P<0.01$），分别较 N_0 处理增加了 190.54% 和 184.36%。大量研究表明，增施氮肥显著增加了作物的产量，使作物的经济效益有很大的提升。韩文元等（2015）在内蒙古进行农牧交错地区的燕麦氮肥研究，结果表明'蒙燕 1 号'施用 150kg/hm^2 氮肥获得较高的产量。龚建军（2007）在武威市天祝县华藏养鹿场地区的研究表明，在 0~100kg/hm^2 氮肥施用量范围，随着施氮量的增加，'白燕 2 号'和'丹麦 444'的鲜草、干草产量呈显著增加的趋势，'白燕 5 号'和'Ronald'没有显著变化。龚建军（2007）在青海民和县地区研究表明，在 0~100kg/hm^2 氮肥施用量范围，随着施氮量的增加，种子产量和秸秆产量显著增加，与本文研究结果一致。

在相同的干物质下，青贮饲料中粗灰分含量越高，则青贮饲料的有机质含量越低，青贮饲料品质越差。单位面积粗蛋白质产量取决于牧草刈割的时间，粗蛋白质含量越高则品质越好。牧草纤维素含量越高，营养价值越低，NDF 和 ADF 含量直接影响饲草品质及消化率，如果 NDF 含量增加，采食量则随之减少，如果 ADF 含量高，则消化率降低。粗脂肪含量高，适口性好，营养价值较高，有利于家畜健康。

随着氮肥施用量的增加，燕麦粗脂肪、粗蛋白质含量呈逐渐增加趋势，氮肥用量越大，植株粗脂肪、粗蛋白质含量越高，N_{140}、N_{210}、N_{280} 处理的燕麦植株粗脂肪含量分别较 N_0 处理增加 66.7%、100%、133.3%，粗蛋白质含量分别较 N_0 处理增加 22.2%、55.6%、66.7%。N_{70}、N_{140}、N_{210}、N_{280} 处理的燕麦植株 NDF 含量分别较 N_0 处理降低 27.9%、20.9%、9.3%、7.0%，ADF 含量分别较 N_0 处理降低 5.6%、8.3%、5.6%、

16.7%，粗灰分含量分别较 N_0 处理降低 12.5%、12.5%、25.0%、37.5%。较高用量（N_{210} 和 N_{280} 处理）的氮肥显著增加了燕麦植株粗脂肪和粗蛋白质的含量，显著降低了 NDF、ADF 和粗灰分含量，能够极显著提高燕麦植株的饲用品质。肖小平等（2007）研究表明，燕麦新品种'保罗'在施氮量为 90～135kg/hm² 的情况下，其植株鲜草和干草产量随着施氮量的增加而增加，干草中粗蛋白质、全磷、全钙、粗灰分含量随着施氮量的增加而升高，粗纤维含量则随着施氮量的增加而降低。施用氮肥不仅能增加燕麦植株营养体的产量，而且能改善干草的品质，与本研究结论一致。

2.4.3 氮肥对沙地饲用燕麦抗性生理的影响

施氮可以明显增加叶面积指数，并且延缓叶片衰老，有利于干物质的积累。叶绿素是光合作用过程中将光能转变为化学能的关键色素，其含量高低是叶片光合性能的重要生理指标，反映了叶片光合性能的高低。氮素是叶绿素的主要成分，施氮肥一般能促进植物叶片叶绿素的合成，增强光合作用。

本研究中，随着氮肥施用量的增加，拔节期、孕穗期，燕麦叶片叶绿素 a、叶绿素 b 和总叶绿素含量均呈逐渐增加趋势，抽穗期、灌浆期，呈先升高后降低趋势；其中拔节期各氮肥处理的叶绿素 a 的所占比例是叶绿素 b 的近 3 倍，孕穗期和灌浆期各氮肥处理的叶绿素 a 所占比例是叶绿素 b 的近 2 倍，灌浆期总叶绿素含量较抽穗期降低，随着生育时期的延长，燕麦叶绿素含量呈先降低后升高再降低趋势。崔纪涵（2015）研究表明，氮素能够通过提高净光合速率以提高光合物质积累，与本文研究结果一致。

灌浆期，随着氮肥用量的增加，中部叶片和下部叶片 N_0、N_{70} 和 N_{140} 处理的燕麦中部叶片膜质过氧化程度较 N_{210} 和 N_{280} 处理的严重，受到的伤害较大，燕麦各部位叶片 POD 活性呈逐渐增加趋势，N_{210} 和 N_{280} 处理的燕麦叶片 POD 活性极显著高于 N_0 处理（$P < 0.01$），N_{280} 处理的燕麦中部、下部叶片 SOD 活性极显著低于 N_0 处理（$P < 0.01$），N_{210} 和 N_{280} 处理的燕麦上部叶片 CAT 活性极显著低于 N_0 处理（$P < 0.01$），燕麦叶片 POD、SOD、CAT 活性具有下部>中部>上部的规律。

刘锁云等（2012）研究表明，在水分亏缺条件下，适量施氮可使整个生育期保持较高的叶片 SOD 活性、可溶性蛋白含量、叶绿素含量及较低的 MDA 含量，延缓功能叶片衰老，增加燕麦产量；过量施氮会加剧燕麦的水分胁迫效应，导致叶片 SOD 活性、可溶性蛋白含量、叶绿素含量下降，提高 MDA 含量，加快叶片衰老，降低产量。在供水较充足的条件下，施氮明显提高叶片 SOD 活性、可溶性蛋白含量和叶绿素含量，降低 MDA 含量，使叶片衰老进程变缓，产量大幅增加，但当施氮量达到 180kg/hm² 时，肥效下降。张岁岐等（1995）的研究表明，在供水较充足的条件下，施氮肥明显促进了燕麦的生长，延缓了叶片衰老，增加燕麦产量，与本研究研究结果一致。缺氮或氮水平过高，都会增加叶肉细胞的 MDA 含量。

2.4.4 氮肥对沙地饲用燕麦碳氮代谢的影响

随着氮肥施用量的增加，燕麦各部叶片蔗糖、可溶性糖、淀粉含量呈逐渐降低趋势，其中 N_0 处理的蔗糖、可溶性糖和淀粉含量最大，极显著高于其他各处理（$P<$ 0.01）；上部叶片 N_{70}、N_{140}、N_{210}、N_{280} 处理的燕麦叶片蔗糖含量分别较 N_0 处理降低 80.2%、60.3%、70.3%、73.3%；孕穗期，N_{70}、N_{140}、N_{210}、N_{280} 处理的燕麦上部叶片可溶性糖含量分别较 N_0 处理降低 80.2%、84.3%、90.0%、93.8%。随着生育时期的延长，相同氮肥处理下燕麦上部、中部和下部叶片的淀粉含量呈先降低后升高趋势。

灌浆期，随着氮肥施用量的增加，燕麦各部位叶片蔗糖合成酶活性呈逐渐降低趋势，其中 N_{70} 处理的蔗糖合成酶活性最高，极显著高于 N_0 处理和其他各处理（$P<$ 0.01），高施用量氮肥处理（N_{280} 处理）燕麦叶片蔗糖合成酶活性极显著低于 N_{70} 和 N_{140} 处理（$P<0.01$）。高用量氮肥使燕麦蔗糖合成酶活性降低，燕麦下部叶片蔗糖合成酶活性较中部和上部高。

随着生育时期的延长，N_0 处理和各氮肥处理的燕麦植株各部位叶片可溶性蛋白含量呈逐渐增加趋势，N_0 处理和各氮肥处理的燕麦植株各部位叶片硝态氮含量呈先降低后升高趋势，各部叶片的氨基酸含量增加，然而上部叶片相对增加的较多，下部叶片相对增加的较少。随着氮肥施用量的增加，燕麦各部叶片氨基酸、可溶性蛋白含量均呈逐渐增加趋势；其中 N_0 处理燕麦叶片氨基酸的含量最小，N_{280} 处理的燕麦叶片氨基酸含量显著高于 N_0 处理（$P<0.05$）。氨基酸的积累首先在生命活动活跃的上部叶片较多，中部叶片次之，下部叶片最弱，施用氮肥能够显著增加燕麦叶片氨基酸的积累量，且积累水平随着氮肥施入的增加而增大；燕麦上部叶片是积累可溶性蛋白较高的部位，中部次之，下部最低，氮肥能够促进燕麦叶片积累可溶性蛋白，其促进程度随着氮肥用量的增加而增强。

灌浆期燕麦各部叶片硝酸还原酶活性随着氮肥施用量的增加均呈逐渐降低趋势，其中 N_{70} 处理的燕麦上部叶片硝酸还原酶活性最大，极显著高于高用量氮肥处理（N_{280} 处理，$P<0.01$）。硝酸还原酶活性与氮肥用量呈反比，硝酸还原酶催化的氮代谢主要活跃在上部叶片。林振武和汤玉玮（1988）的研究显示，可用水稻功能叶中的酶活性来直接评价水稻植株整体酶活性水平，并用其判断水稻产量；洪剑明和曾晓光（1996）把小麦叶片中酶活性作为指导小麦施肥的重要标准。张淑艳等（2009）在氮肥对无芒雀麦生理特性影响的研究结果表明，随着施氮量的增加，无芒雀麦叶片叶绿素含量持续增加；各施肥处理的游离氨基酸含量极显著地高于 N_0 处理（$P<0.01$），可溶性糖含量则显著地低于 N_0 处理（$P<0.05$）；在中肥和高肥处理中硝酸还原酶活性极显著高于 N_0 处理（$P<0.01$），而硝态氮含量则只有在高肥处理中极显著增加（$P<0.01$），结果与本研究一致。

2.5 结论

较高用量的氮肥能够显著地促进沙地饲用燕麦的分蘖及株高、茎粗、节间长和功能叶的生长，较高用量的氮肥能促使沙地饲用燕麦增产。随着氮肥施用量的增加，燕麦粗脂肪、粗蛋白质含量呈逐渐增加趋势，氮肥用量越大，植株粗脂肪、粗蛋白质含量越高，较高用量（N_{210} 和 N_{280} 处理）的氮肥显著增加燕麦植株粗脂肪和粗蛋白质的含量，显著降低 NDF、ADF 和粗灰分含量，能够极显著提高燕麦植株的饲用品质。随着氮肥施用量的增加，拔节期、孕穗期，燕麦叶片叶绿素 a、叶绿素 b 和总叶绿素含量均呈逐渐增加趋势，抽穗期、灌浆期，呈先升高后降低趋势，较高用量的氮肥能够增加燕麦叶片的叶绿素含量。随着氮肥用量的增加，中部叶片和下部叶片 N_0、N_{70} 和 N_{140} 处理的燕麦中部叶片膜质过氧化程度较 N_{210} 和 N_{280} 处理的严重，受到的伤害较大，N_{210} 和 N_{280} 处理的燕麦叶片 POD 活性极显著高于 N_0 处理（$P<0.01$），N_{280} 处理的燕麦中部、下部叶片 SOD 活性极显著低于 N_0 处理（$P<0.01$），N_{210} 和 N_{280} 处理的燕麦上部叶片 CAT 活性极显著低于 N_0 处理（$P<0.01$），燕麦叶片 POD、SOD、CAT 活性具有下部>中部>上部的规律。随着氮肥施用量的增加，燕麦各部叶片蔗糖、可溶性糖、淀粉含量呈逐渐降低趋势，随着生育时期的延长，相同氮肥处理下燕麦上部、中部和下部叶片的淀粉含量呈先降低后升高趋势。随着氮肥施用量的增加，燕麦各部位叶片蔗糖合成酶活性呈逐渐降低趋势，高用量氮肥使燕麦蔗糖合成酶活性降低，燕麦下部叶片蔗糖合成酶活性较中部和上部高。各部叶片硝酸还原酶活性随着氮肥施用量的增加均呈逐渐降低趋势，硝酸还原酶活性与氮肥用量呈反比，硝酸还原酶催化的氮代谢主要活跃在上部叶片。随着氮肥施用量的增加，燕麦各部位叶片氨基酸、可溶性蛋白含量均呈逐渐增加趋势；燕麦上部叶片是积累可溶性蛋白较高的部位，中部次之，下部最低，氮肥能够促进燕麦叶片积累可溶性蛋白，其促进程度随着氮肥用量的增加而增强。

3 沙地饲用燕麦磷肥施用技术研究

3.1 概述

3.1.1 研究意义与目的

燕麦为禾本科一年生草本植物，是优良的饲用牧草，也是当前退耕还林还草的过渡草本植物。燕麦种植面积在世界粮食种植中仅次于小麦、玉米、稻谷等，位居第六位，是当前研究的热点植物之一。随着人们生活水平的提高，畜产品需要量逐渐增加，致使饲料需要量逐渐增加，草原放牧压力增加，而燕麦人工草地与天然草地相比具有高产、稳产、优质等特点，能够有效缓解放牧压力。内蒙古为全国五大牧区之一，畜牧业是其优势产业，支撑着内蒙古的经济发展，科尔沁作为内蒙古重要的畜牧饲养基地，畜牧业的产业化发展增加了农民收入，促进了新农村建设，同时提高了农牧业综合生产水平。随着近年来科尔沁农牧业产业化的发展，其家畜饲养的基数逐渐庞大，草原畜牧业产业化发展应重视构建绿色制度、改进传统饲养方式，加大人工草地的种植面积势在必行。燕麦具有抗旱、抗寒和耐贫瘠的优良品性，也具有防风固沙的作用，因此在科尔沁沙地是重要的栽培牧草。其蛋白质、矿质元素、脂肪酸等营养物质丰富，刈割燕麦作为青贮饲料具有茎秆柔软、叶片多、营养丰富、口感好等特点，是食草性家畜的优良青饲料，而且干草收获后是家畜的优良粗饲料。

磷是植物生长必需的三大营养元素之一，是植物体内核酸、蛋白质、磷脂等的重要组成部分，以多种形式参与到植物体内的细胞分裂、能量代谢、物质转运等各种生理过程，对植物的生长发育起着不可替代的重要作用，同时也是农业生产重要的物质保证，但是在三大营养元素中，磷的有效性最低，有研究结果表明，在土壤缺磷条件下，磷是限制植物生长的主要养分元素。磷在土壤中有多种存在形态，能够被植物利用的主要是无机态和部分有机态，土壤中有机态磷占土壤总磷的一小部分，大多数为不可利用的固定态磷，磷能有效促进植物体内氮同化，有利于植物体对氮的吸收利用。生产过程中人们通常施入大量氮肥，导致植物体磷缺乏得不到高产，土壤缺磷较为普遍，因此磷肥是限制作物产量的重要因子。科尔沁沙地土壤磷含量低，燕麦科学磷肥管理很重要，如何科学施磷更重要。在科尔沁沙地，燕麦作为近年来主要栽培牧草之一，已被大力推广，因此如何提高其产量和品质至关重要。燕麦的产量和品质除了受自然环境因子对燕麦物质分配的影响外，施肥、改变种植密度等管理措施也是重要的影响因素。其中磷肥可以增强植物抗逆性，充足的磷素营养能增强植物的抗旱、抗寒、抗倒伏等能力，磷还是调节植物生长发育的信号之一，所以磷肥施用可以促进燕麦的生长发育。磷肥对燕麦影响的研究，主要集中在燕麦生长发育、产量、品质和养分积累等方面。

由于磷在土壤中移动性较差，施入的磷肥易被固定，通常农业生产中通过增施磷肥及分层施磷的方式来解决这一问题。因此，本研究通过设计施磷水平与施磷深度双因素随机区组试验，对其生物产量和营养品质等相关指标进行测定，探究施磷水平与施磷深度对沙地饲用燕麦生物产量、物质分配规律及营养品质的影响。

3.1.2 研究现状

3.1.2.1 作物形态学指标与磷肥之间的关系

产量是作物种植的最终目标，有研究表明磷肥施用可有效提高作物产量，而磷是作物生长所必需的营养元素之一，在作物产量形成中起着关键作用，在作物栽培管理过程中施加磷肥也是重要的管理手段之一，如何科学合理施加磷肥来提高作物产量是其栽培管理研究的重点内容。根据区域生境特点，通过磷肥单施或与其他肥料配施相关试验明确了磷肥具体施用量和阈值，筛选出合理的配施组合。王恒宇等（1995）在粗砂潮土上进行花生施磷试验，结果表明，施磷肥 $30 \sim 180 kg/hm^2$，对提高花生开花、荚果形成、饱果数、百果质量与荚果出仁率等均有显著效果，从而提高了花生的产量和经济效益，认为 $122.85 kg/hm^2 P_2O_5$ 为最佳施磷量。有研究表明，磷素营养对穗部特征和产量均有显著影响，随着磷肥的增施，行数、行粒数、穗行数、千粒重和产量都有所增加，比不施磷肥有很大的提高。赵长星等（2013）研究了施磷量对花生生长发育动态和产量的影响，以期为花生高产高效施肥提供依据。结果表明，花生主茎高度、侧枝长度随着施磷量的增加而升高，但当施磷量高于 $225 kg/hm^2$ 时，再增加施磷量其对主茎高度、侧枝长度的促进作用不明显。增施磷肥增加了花生主茎和侧枝的节数，促进了花生分枝的发生，提高了花生叶面积系数。适当增施磷肥可以提高花生茎叶干物质积累量，增加荚果产量，但当磷肥施用量超过 $225 kg/hm^2$ 时，增产效果不显著。席天元等（2016）研究结果表明，分层施磷明显促进了冬小麦生长发育，提高了地上部和根系干重，增加了下层根比例；与深层施磷、表层施磷和单施磷肥相比，分层施磷处理产量分别增加7.46%、16.16%和75.81%，磷素农学利用率分别提高156.20%、43.71%和297.11%。农业生产中施加磷肥以提高作物产量，当磷肥施用过量，不但消耗磷矿资源，而且造成环境污染，破坏生态平衡。磷肥施用和土壤条件有密切的关系，磷肥重点应该分配在缺磷（土壤中全磷量在0.08%~0.10%）和有机质含量低的土壤中，在这种土壤中磷肥的增产效果显著。康利允（2014）的研究结果表明，无补充灌溉的旱作农田在选用抗旱性较强品种时，磷肥深施能够有效改善冬小麦根系剖面分布，是提高产量和水分利用效率及磷素利用程度的有效途径。赵家煊等（2018）分析了不同磷肥施用量包括对照（CK）、低磷处理（$25.80 kg/hm^2 P_2O_5$）、中磷处理（$51.75 kg/hm^2 P_2O_5$）和高磷处理（$77.65 kg/hm^2 P_2O_5$）对大豆生长、结瘤及产量的影响。结果表明随着磷肥施用的增加大豆株高和生物量逐渐增加，说明在当前黑土磷素水平下，磷肥的施用能够显著促进大豆植株的生长。李孝良等（1998）研究表明，在低磷土壤上施用磷肥有显著增加小麦穗数、穗粒数和千粒重的效果，进而提高小麦产量；但当土壤磷含量较高时，施用磷肥对小麦穗数、千粒重无明显的增加作用。

磷对植物主要组成成分的形成有重要作用。磷酸酯、植酸、钙镁、磷脂、磷蛋白、核蛋白等化合物对作物的生长发育和品质都有重要作用，实际上磷几乎参与了植物体内所有的物质代谢、能量代谢和细胞调节过程。增加磷的供给可增加作物的粗蛋白质含量，特别是增加必需氨基酸的含量。对缺磷作物施磷可以使作物的淀粉和糖含量增加到正常水平，并可增加多种维生素含量。磷能促进植株的生长发育，直接参与光合作用中的光合磷酸化和碳水化合物的合成与运转过程，同时磷能促进氮代谢，提高氮效率；磷对脂肪的代谢也有重要的作用，从而提高植物对外界不良环境的适应性，增强植株抗逆境能力。有研究表明，在氮充足的条件下，施磷能促进牧草生长，提高蛋白质含量和改善牧草饲用价值。施磷水平对大豆籽粒中蛋白质和脂肪含量的影响比较大，适当地施磷对于提高大豆籽粒中蛋白质和粗脂肪含量有促进作用。曹立为等（2015）研究也表明，施磷能增加大豆品种'黑农48'籽粒蛋白质和粗脂肪含量。卢九斤等（2020）通过施用不同量的磷肥，研究施肥量对枸杞产量与品质及土壤酶活性的影响，以期筛选出柴达木地区枸杞栽培的适宜施磷量。试验结果表明枸杞总糖含量随施磷量的增加而增加，相关分析表明枸杞蛋白质与总糖含量呈极显著正相关，说明磷肥施用对蛋白质及总糖含量的提高均有促进作用。

3.1.2.2 作物碳、氮、磷化学计量特征与磷肥之间的关系

生态化学计量学是通过生物学、化学和物理学的角度进行研究生态系统能量和多种化学元素（例如碳、氮和磷）平衡的一种新兴学科，碳、氮、磷含量及其化学计量比反映了植物对环境改变的策略和适应性。化学计量学最早在18世纪末期应用于研究化学反应，直到20世纪末期才开始与生态学相结合，由此提出了生态化学计量学。它在分析一个相关群落和生态系统的组成、结构和功能上具有重要作用。碳、氮和磷是植物生长和功能发育必不可少的三种主要植物营养元素，且三者间有很强的耦合作用。碳是植物体内结构和能量物质的组成元素，磷是植物体产生核糖体的重要元素，核糖体又合成了富含氮的蛋白质，所以反过来组成了吸收碳和能量的器官。碳、氮、磷生态化学计量已被广泛应用于研究分子、生物和生态系统。此外，自然过程和人为活动的共同作用导致土壤碳、氮和磷生态化学计量的空间分布不均匀，从而影响植被组成和养分的动态变化，植物通过调节碳、氮、磷的比例来适应外界环境的变化。目前，生态化学计量学已广泛应用于营养动态、碳循环、氮循环、养分限制、森林演替与衰退等方面的研究。

生态化学计量学中的重要理论之一——生长速率假说认为，有机体生长速率与其体内元素的计量比存在密切联系，植物自身生长速率改变的同时，植物体内的有机体必须调整它们的碳：氮：磷来适应生长速率的改变。碳是生物体干物质构成的主要元素，蛋白质和遗传物质由氮、磷作为重要组成成分构成，碳氮比和碳磷比反映植物的生长速度，氮磷比可以作为植物生长速率快慢的判断指标。施肥可以通过改变土壤的养分浓度影响植物体内氮、磷浓度和碳的固定，最终影响植物体内的养分化学计量比的改变，进而提高有效养分的吸收利用。近年来大量的氮肥添加试验表明，持续的氮沉降往往会造成植物生长由氮限制转变为磷限制或氮磷共同限制，但目前鲜少有报道涉及磷添加或氮

磷共同添加以研究氮磷元素之间的平衡/失衡的结果。马亚娟（2015）通过对杉木幼苗进行不同氮磷施肥发现，施肥可以有效提高土壤的肥力，植物各器官的氮磷比随着施氮量的增加而显著提高，从而使杉木氮肥缺乏的情况得到缓解，而磷肥的施加反而加剧了氮的限制。王洪义等（2020）以呼伦贝尔草地不同冠层的 4 种植物——羊草、披针叶黄华、达乌里芯芭和星毛委陵菜为对象，分析了氮、磷添加对 4 种植物叶片和根系碳、氮、磷生态化学计量特征的影响，研究发现氮、磷添加对 4 种植物叶片和根系碳含量没有显著影响，磷添加显著提高了 4 种植物叶片和根系磷含量并显著降低了碳磷比。氮、磷添加对 4 种植物碳、氮、磷及其化学计量比均无显著的交互作用。说明草地植物地上、地下器官对氮、磷添加的响应具有协同性，而且不同冠层的植物碳、氮、磷化学计量特征对氮、磷添加的响应具有一致性。陈新微等（2015）研究了土壤氮、磷添加对黄顶菊植株生长、氮化学计量特征、磷化学计量特征和叶绿素含量的影响。结果表明，土壤氮、磷添加比例相同条件下，养分水平对叶片氮磷比的影响显著；随着氮、磷添加量的增加，叶片氮磷比显著下降。王雪（2014）通过 7 年的养分添加试验发现，大针茅叶片各变量对磷添加无明显的响应，其叶片相对较高的碳氮比、碳磷比，表明其具有相对较高的可直接利用的碳水化合物以及较高的氮、磷养分利用效率。不同植物的同一器官的养分化学计量比之间存在差异，如木本植物与草本植物。同样发现同一植物不同植物器官间的养分化学计量比间也存在一定的差异。有研究表明，草本植物的细根氮磷比明显低于叶片的氮磷比，生殖器官因为代谢活跃，磷浓度高于其他器官，因此其氮磷比明显低于叶片和细根。高宗宝等（2017）在额尔古纳研究了氮磷添加对呼伦贝尔草甸草原 4 种优势植物羊草、贝加尔针茅、狭叶柴胡和披针叶黄华根系及叶片碳、氮、磷含量与计量特征的变化。研究发现，磷添加对羊草、贝加尔针茅和狭叶柴胡的根、叶部氮含量和碳氮比无显著影响，对羊草根部、狭叶柴胡叶部的磷含量和碳磷比也无显著影响，但显著增加了羊草叶、狭叶柴胡根以及贝加尔针茅根和叶部的磷含量，降低了其碳磷比。蒋静等（2014）对新疆红花进行了氮肥、磷肥、钾肥的田间独立试验，研究结果表明，生物量随着施肥量的增加而增加，当施磷量为 $275kg/hm^2$ 时，叶片氮磷比最小，施肥促进了土壤和植物各器官养分不均衡吸收和分配，促进了植物的生长，当施肥达到各器官吸收饱和点后，由各器官元素比值调节新疆红花的生长。

目前，有关施肥对燕麦碳、氮、磷及其化学计量特征的研究还比较少见，尤其是单施磷肥更为少见。由于土壤中磷有效性和移动性差，易被固定，从而土壤磷素表层富集下层不足，空间分布不均。合理地施用磷肥，提高磷肥利用率，对可持续发展农业有至关重要的意义。赵伟等（2018）对玉米-大豆套作系统减少施磷水平并增加施磷深度，研究发现作物产量并未降低、磷利用率提高且土壤中磷流失减少，说明施磷水平一定的条件下适宜的施磷深度对作物来说能更加有效利用土壤中磷。因此，本试验以燕麦为研究材料，利用盆栽定株进行调控，将 4 个施磷深度（5cm、10cm、15cm、20cm）和 5 个施磷水平（$0kg/hm^2$、$60kg/hm^2$、$120kg/hm^2$、$180kg/hm^2$、$240kg/hm^2$）作为土壤供磷的调控手段，研究燕麦株高，生物量，各器官贡献率，各器官碳、氮、磷含量及其化学计量特征的影响，为沙地饲用燕麦磷肥的高效利用提供科学依据，对科尔沁沙地饲用燕麦栽培管理具有重大意义。

3.1.2.3 燕麦磷肥研究进展

近年来国内外报道了许多关于磷肥对燕麦影响的研究，主要集中在燕麦生长发育、产量、品质和养分积累等方面。施磷对于燕麦生长及产量有显著促进作用。纪亚君等（2019）对位于青藏高原东北部青海省高寒地区的燕麦进行了研究，发现燕麦单施磷肥能够显著提高产量，磷肥在 65kg/hm^2 的施肥量时种子产量和品质达到最高，在氮肥施用量为 50kg/hm^2、钾肥施用量为 105kg/hm^2、磷肥施用量为 65kg/hm^2 时，磷肥的农学利用率达最大，即 1kg P$_2$O$_5$ 可获得 28.85kg 的种子产量。韩美善等（2010）在五寨试验站田间试验区内进行了两年的旱作燕麦氮磷平衡施肥试验，研究结果表明，单施磷肥对燕麦生长发育、产量形成均有促进作用，燕麦中后期的生长发育更有效，高磷水平比低磷水平平均增产 3.2%，而氮肥在磷肥的作用下对燕麦生长发育、产量形成的促进作用发挥得更充分、更彻底。刘文辉等（2010）对选育的'青引 1 号'燕麦采用单因子施磷试验设计，研究不同施磷水平对燕麦种子产量和种子产量性状的影响，结果表明，在施磷量 75kg/hm^2 时小穗数最多，序籽粒重、千粒重、粒长、粒宽均在施磷量为 60kg/hm^2 时最高，燕麦种子产量与施磷量间的数量关系符合 $Y = 4\,502.40 - 15.20\,P + 1.49\,P^2 - 0.014\,P^3$。有研究表明，单施磷肥可以显著提高燕麦植株高度。周青平等（2008）以裸燕麦'青永久 887'为试验材料，研究了氮、磷肥对裸燕麦籽粒产量和 β-葡聚糖含量的影响，结果表明，裸燕麦穗数、穗粒数、穗粒重、千粒重及籽粒产量，随着施磷量的增加而增加，在施磷量为 90kg/hm^2 的处理下裸燕麦穗数、穗粒数、穗粒重、千粒重、籽粒产量均达最高值。

有研究表明，随着增施磷肥可以提高植物粗蛋白质含量，但过多地施磷肥反而降低了粗蛋白质含量。才让吉等（2015）以青海甜燕麦为材料研究发现，当单施磷条件下，随着施磷量的增加粗蛋白质含量先升高后降低，燕麦草产量在各磷肥水平间差异显著。在麦类作物中，磷素对小麦生长发育的研究比较多。刘露露等（2020）研究了不同春小麦品种的耐低磷性评价，以 162 份春小麦种质资源为材料，对其苗期的株高、总根长、根表面积等 8 个指标的耐低磷系数进行分析，为解析春小麦耐低磷特性、培育耐低磷品种提供种质资源和理论依据。陈雨露等（2019）研究发现，磷肥施用量为 150kg/hm^2 时，小麦花后干物质积累量、各器官氮素转运量、籽粒产量和水分利用效率均显著提高，其中'百农 207'和'豫麦 49-198'花后干物质积累量分别增加 132.9% 和 105.9%，各器官氮素转运量分别增加 65.3% 和 51.2%，籽粒产量分别提高 76.9% 和 51.8%，水分利用效率分别提高 55.1% 和 29.2%。贺鑫等（2019）通过研究发现在低磷胁迫下，磷高效燕麦品种能较好地通过根系吸收营养液中的磷元素，并且累积到植株的各个部位，为植株正常生长提供磷营养，另外，不同磷效率品种的地上部磷浓度和整株磷浓度无显著差异。刘文辉等（2009）对'青引 1 号'燕麦采用不同施磷处理，探讨不同施磷水平对燕麦草产量和蛋白质产量的影响，找出最佳的施磷量，为青海省燕麦饲草生产提供了理论依据。结果表明，不同施磷处理下'青引 1 号'燕麦总分蘖数、株高变化不明显。在施磷量为 90kg/hm^2 时有最大有效分蘖数，在施磷量为 75kg/hm^2 时有最大茎粗（0.584cm）。当孕穗期施磷量为 90kg/hm^2、开花期施磷量为 75kg/hm^2、乳熟期施磷量为 90kg/hm² 时，燕麦具有最高的蛋白质产量，且得出各时期饲草产量和蛋白质产量（Y）与施磷量（P）间数量关系的方程 $Y=a+bP+cP^2$。

磷是植物生长发育所必需的大量营养元素之一，是植物细胞的结构组分元素，同时又以多种形式参与植物体内各种生理生化代谢过程。磷在光合作用、呼吸作用、脂肪代谢、酶及蛋白的活性调节、糖代谢及氮代谢等生理生化过程中起着不可替代的重要作用。磷可增强植物抗逆性，充足的磷素营养能增强植物的抗旱、抗寒、抗倒伏等能力。因而磷是调节植物生长发育的信号之一，对植物的生长发育有促进作用。

在当前我国大规模施行禁牧政策和牲畜圈养条件下，燕麦作为优良饲草对其优质高产的需求不断增加，因此燕麦栽培对我国畜牧业发展具有十分重要的作用。燕麦作为家畜主要饲用作物之一，在生产管理过程中磷肥的施加对产量和品质均具有重要影响。磷是燕麦生长发育必需的大量元素，燕麦生长发育所需的磷主要通过土壤磷库中获得，或通过施肥使植物可以吸收足够的磷，缺磷对植物光合作用、呼吸作用及生物合成过程都有影响，在一定限度内增加磷肥施入量，可促进植株对磷的积累和氮、钾的吸收，增强植株的光合能力，从而促进植株干物质的积累，提高燕麦产量。

当前关于磷肥施入的相关研究，人们主要集中在磷肥施入量和施入时间两个问题，对于磷肥的施用方式考虑较少。受磷在土壤中移动性差、且施入磷肥又易被固定等因素的影响，农业生产中通过增施磷肥及分层施磷的方式来解决这一问题，因此，如何提高磷肥使用效率是现代草地农业生产亟待解决的关键问题之一。燕麦的产量不仅由其本身的遗传特性决定，也受外界环境的影响，其中磷是植物生长发育不可缺少的营养元素之一，是植物体内许多重要有机化合物的组分，施磷肥对燕麦高产及保持品种的优良特性具有明显的作用。因此，本研究通过设计施磷水平与施磷深度双因素随机区组试验，对其生物产量和营养品质等相关指标测定，本研究旨在探究施磷水平与施磷深度对沙地饲用燕麦生物产量、物质分配规律及营养品质的影响。

3.2　材料与方法

3.2.1　试验地概况

试验地位于内蒙古通辽市内蒙古民族大学科技示范园区（N43°30′，E122°27′），海拔高度 178m 左右，年平均气温 6.4℃，≥10℃ 活动积温平均为 3 184℃。年平均日照时数 3 000h 左右，无霜期 140~150d，年平均降水量 340~400mm，8 月、9 月降雨比较集中，土壤为砂壤土。土壤有机质 4.86g/kg，速效钾 94.65mg/kg，有效磷 4.46mg/kg，碱解氮 11.15mg/kg，pH 值 7.6。

试验材料为 2019 年 4 月种植燕麦，品种为 '挑战者'。试验过程中施用的氮肥是尿素（N 46%），钾肥是氯化钾（K_2O 60%），磷肥是重过磷酸钙（P_2O_5 44%），试验用盆直径 35cm，深度 30cm。

3.2.2　试验设计

试验共设 2 个因素，主因素为施磷深度，包括 5cm、10cm、15cm、20cm（S_5、S_{10}、S_{15}、S_{20}）4 个水平，第二因素为施磷水平，包括 0kg/hm²、60kg/hm²、120kg/hm²、180kg/hm²、240kg/hm²（P_0、P_{60}、P_{120}、P_{180}、P_{240}）5 个水平，共 20 个处理，每个处理 4 次重复，总计 80 盆。

在试验田内选定地块，按照随机排列顺序将 80 个盆齐地面放置，每盆间隔 1m；将挖出的土壤混合均匀，去除大块石子备用，磷肥一次性施入，于 2019 年 4 月 1 日进行试验处理。肥料处理：向盆中装土，每装 5cm 土壤后进行一次压实，当深度到达 20cm、15cm、10cm 后，按照试验设计要求撒入相应的磷肥，当深度到达 5cm 时，撒入相应的磷肥后，每盆均撒同一用量的氮、钾底肥，填土将盆装满，每盆重 30kg。2019 年 5 月 6 日播种，播量为 38 粒/盆，出苗后定株，每盆 30 株。

3.2.3　测定指标和方法

3.2.3.1　生产性能指标的测定和方法

株高：刈割收获时，在每盆中随机测定 10 株，用卷尺测量植株的自然高度，计算其平均值。

地上生物量：将燕麦剪去根部，连同燕麦茎秆、叶片和穗在 105℃烘箱杀青 30min，然后于 80℃下烘干至恒重，最后进行称重。

地下生物量：根系洗净烘干至恒重的质量。

碳、氮、磷化学计量特征的测定与方法：植物样品的全氮和全磷含量采用浓 $H_2SO_4-H_2O_2$ 联合消煮，全氮含量采用凯氏定氮法测定，全磷含量采用钼锑抗比色法进行测定；植物样品碳含量采用重铬酸钾容量法——外加热法测定。

3.2.3.2　数据分析

采用 Excel 2013 数据处理、制图，利用 DPS 14.0 对 5 个不同施磷水平和 4 个不同施磷深度处理下的燕麦碳、氮、磷含量及其化学计量比进行双因素有重复方差分析。

相关计算公式：

$$总生物量=地上生物量+地下生物量 \tag{3-1}$$
$$根冠比=地下生物量/地上总生物量 \tag{3-2}$$
$$茎叶比=茎秆烘干至恒重的质量/叶片烘干至恒重的质量 \tag{3-3}$$
$$叶片贡献率=叶片烘干至恒重的质量/总生物量 \tag{3-4}$$
$$茎秆贡献率=茎秆烘干至恒重的质量/总生物量 \tag{3-5}$$
$$根系贡献率=根系烘干至恒重的质量/总生物量 \tag{3-6}$$
$$穗贡献率=穗烘干至恒重的质量/总生物量 \tag{3-7}$$

3.3 结果与分析

3.3.1 方差分析

3.3.1.1 形态学指标方差分析

由表3-1可知，施磷深度、施磷水平、施磷深度与施磷水平的交互作用分别对燕麦株高有显著影响（$P<0.05$），说明施磷是影响燕麦生长的影响因子之一。施磷深度和施磷水平的交互作用对燕麦总生物量、地上生物量及燕麦各器官生物量均有极显著影响（$P<0.01$）。施磷水平、施磷深度分别对燕麦总生物量、地上生物量及燕麦各器官生物量均影响显著（$P<0.05$）。

表3-1 施磷深度与施磷水平对燕麦株高和生物量的方差分析

项目	株高	总生物量	地上生物量	根系生物量	茎秆生物量	叶片生物量	穗生物量
施磷深度	$P<0.05$	$P>0.05$	$P>0.05$	$P>0.05$	$P>0.05$	$P>0.05$	$P>0.05$
施磷水平	$P<0.05$	$P>0.05$	$P>0.05$	$P>0.05$	$P>0.05$	$P>0.05$	$P>0.05$
施磷深度×施磷水平	$P<0.05$	$P<0.01$	$P<0.01$	$P<0.01$	$P<0.01$	$P<0.01$	$P<0.01$

3.3.1.2 物质分配规律方差分析

由表3-2可知，施磷深度对燕麦根冠比、茎叶比、根系贡献率、叶片贡献率及穗贡献率无显著影响（$P>0.05$），对茎秆贡献率有极显著影响（$P<0.01$）。施磷水平对根冠比、茎叶比、根系贡献率、茎秆贡献率、叶片贡献率及穗贡献率均没有显著影响（$P>0.05$）。施磷深度与施磷水平的交互作用与茎叶比、根系贡献率有极显著影响（$P<0.01$），但是对根冠比、茎秆贡献率、叶片贡献率、穗贡献率没有显著影响。

表3-2 施磷深度与施磷水平对燕麦物质分配规律的方差分析

项目	根冠比	茎叶比	根系贡献率	茎秆贡献率	叶片贡献率	穗贡献率
施磷深度	$P>0.05$	$P>0.05$	$P>0.05$	$P<0.01$	$P>0.05$	$P>0.05$
施磷水平	$P>0.05$	$P>0.05$	$P>0.05$	$P>0.05$	$P>0.05$	$P>0.05$
施磷深度×施磷水平	$P>0.05$	$P<0.01$	$P<0.01$	$P>0.05$	$P>0.05$	$P>0.05$

3.3.1.3 碳、氮、磷化学计量特征相关方差分析

由表3-3可知，施磷深度对燕麦根系碳、氮、磷含量及化学计量比均没有显著影响（$P>0.05$）；施磷水平对根系氮含量有显著影响（$P<0.05$）；施磷深度与施磷水平的交互作用对根系氮含量及氮磷比没有显著影响（$P>0.05$），对其他碳、磷含量及化学计量比有

极显著影响（$P<0.01$）。施磷深度对燕麦茎秆氮含量、碳磷比、氮磷比有显著影响（$P<0.05$）；施磷水平对茎秆氮含量、碳氮比、碳磷比有极显著影响（$P<0.01$），对磷含量影响显著（$P<0.05$）；施磷深度与施磷水平的交互作用对燕麦茎秆磷含量、碳氮比、碳磷比影响极显著（$P<0.01$）。施磷深度对叶片氮含量有极显著影响（$P<0.01$），施磷深度对叶片的磷含量和碳磷比有显著影响（$P<0.05$）；施磷水平对叶片的氮含量、碳氮比均有极显著影响（$P<0.01$），对磷含量有显著影响（$P<0.05$）；施磷深度与施磷水平交互作用对燕麦叶片的碳、氮、磷含量及化学计量比均有极显著影响（$P<0.01$）。施磷深度对燕麦穗磷含量、碳磷比、氮磷比影响极显著（$P<0.01$）；施磷水平对燕麦穗的磷含量、碳磷比有极显著影响（$P<0.01$）；施磷深度与施磷水平的交互作用对穗的磷含量、碳磷比、氮磷比没有显著影响（$P>0.05$），对穗的氮含量和碳氮比有显著影响（$P<0.05$）。

表 3-3 施磷深度与施磷水平对燕麦各器官碳、氮、磷含量及化学计量特征的方差分析

	项目	碳	氮	磷	碳氮比	碳磷比	氮磷比
根系	施磷深度	$P>0.05$	$P>0.05$	$P>0.05$	$P>0.05$	$P>0.05$	$P>0.05$
	施磷水平	$P>0.05$	$P<0.05$	$P>0.05$	$P>0.05$	$P>0.05$	$P>0.05$
	施磷深度×施磷水平	$P<0.01$	$P<0.05$	$P<0.01$	$P<0.01$	$P<0.01$	$P>0.05$
茎秆	施磷深度	$P>0.05$	$P<0.05$	$P>0.05$	$P>0.05$	$P<0.05$	$P<0.05$
	施磷水平	$P>0.05$	$P<0.01$	$P<0.01$	$P<0.01$	$P<0.01$	$P>0.05$
	施磷深度×施磷水平	$P>0.05$	$P>0.05$	$P<0.01$	$P<0.01$	$P<0.01$	$P>0.05$
叶片	施磷深度	$P>0.05$	$P<0.01$	$P<0.05$	$P>0.05$	$P<0.05$	$P>0.05$
	施磷水平	$P>0.05$	$P<0.01$	$P<0.05$	$P<0.01$	$P>0.05$	$P>0.05$
	施磷深度×施磷水平	$P<0.01$	$P<0.01$	$P<0.01$	$P<0.01$	$P<0.01$	$P<0.01$
穗	施磷深度	$P>0.05$	$P>0.05$	$P<0.01$	$P>0.05$	$P<0.01$	$P<0.01$
	施磷水平	$P>0.05$	$P>0.05$	$P<0.01$	$P>0.05$	$P<0.01$	$P>0.05$
	施磷深度×施磷水平	$P<0.01$	$P<0.05$	$P>0.05$	$P<0.05$	$P>0.05$	$P>0.05$

3.3.2 磷肥对燕麦株高的影响

3.3.2.1 施磷深度对燕麦株高的影响

由图 3-1 可知，燕麦株高随着施磷深度的增加变化差异明显，株高的大小顺序为 $S_{20}>S_{15}>S_5>S_{10}$，其中 S_{20} 处理显著高于 S_5 和 S_{10} 处理（$P<0.05$）。

3.3.2.2 施磷水平对燕麦株高的影响

由图 3-2 可知，在各施磷水平处理下，燕麦株高总体呈先升高后降低的变化规律。燕麦株高的大小关系为 $P_{180}>P_{120}>P_0>P_{240}>P_{60}$，在 P_{180} 处理时值最高，显著高于其他施磷水平（$P<0.05$）。

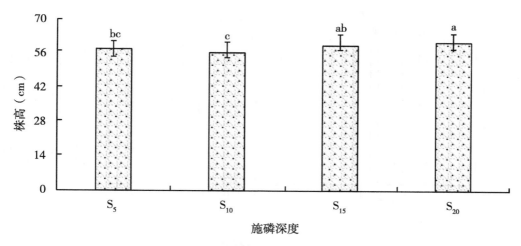

图 3-1 施磷深度对燕麦株高的影响

注：不同小写字母表示在 0.05 水平下差异显著，S_5、S_{10}、S_{15}、S_{20} 分别代表 5cm、10cm、15cm、20cm 4 个施磷深度水平。下同。

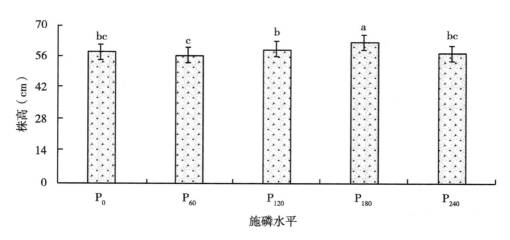

图 3-2 施磷水平对燕麦株高的影响

注：不同小写字母表示在 0.05 水平下差异显著，图中 P_0、P_{60}、P_{120}、P_{180}、P_{240} 分别代表 0kg/hm²、60kg/hm²、120kg/hm²、180kg/hm²、240kg/hm² 5 个不同施磷水平。下同。

3.3.2.3 各处理组合对燕麦株高的影响

由图 3-3 可知，施磷深度与施磷水平的交互作用对燕麦株高有显著影响（$P<0.05$）。$S_{15}P_{180}$ 处理燕麦株高达到最大值 65.33cm，最小值 54.33cm 出现在 $S_{10}P_{120}$ 处理，较最大值降低了 21.00cm，$S_{10}P_{120}$ 处理与 S_5P_{180}、$S_{15}P_{120}$、$S_{15}P_{180}$、$S_{20}P_{120}$、$S_{20}P_{180}$、$S_{20}P_{240}$ 处理差异显著（$P<0.05$）。

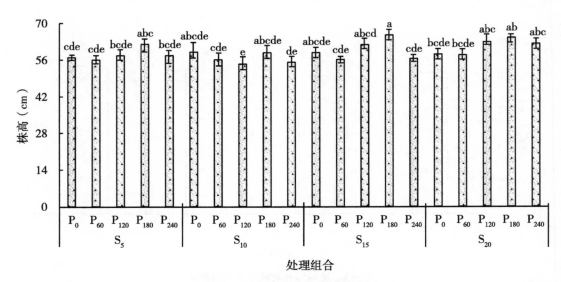

图3-3 各处理组合对燕麦株高的影响

3.3.3 磷肥对燕麦总生物量、地上生物量（产量）的影响

3.3.3.1 施磷深度对燕麦总生物量、地上生物量（产量）的影响

由图3-4可知，施磷深度不同燕麦生物量变化规律也随之改变。总生物量随各施磷深度的变化大小顺序为 $S_{10} > S_5 > S_{20} > S_{15}$，其中 S_{15} 处理显著低于 S_{10}、S_5 处理（$P < 0.05$）。燕麦地上生物量随着施磷深度的增加呈先升高后降低的趋势，最高生物量为 11 054.27kg/hm²，显著高于 S_{20} 处理（$P < 0.05$）。

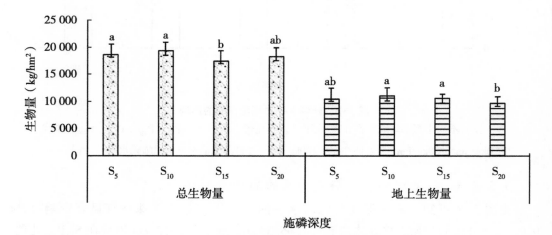

图3-4 施磷深度对燕麦生物量的影响

3.3.3.2 施磷水平燕麦总生物量、地上生物量（产量）的影响

如图 3-5 所示，不同施磷水平处理下，燕麦总生物量随施磷水平的增加而逐渐升高，P_{240} 处理下总生物量最高值 19 597.18kg/hm^2，显著高于 P_{60}、P_0 处理（$P<0.05$）。燕麦地上生物量随着施磷水平变化的大小顺序为 $P_{240}>P_{120}>P_{180}>P_0>P_{60}$，$P_{240}$ 处理出现最大值，且与 P_0、P_{60} 处理有显著差异（$P<0.05$）。

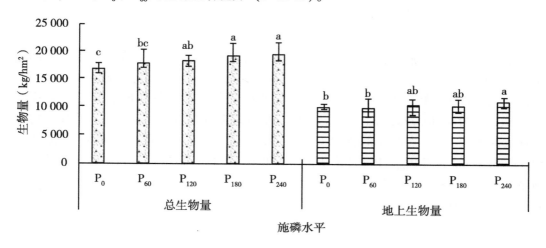

图 3-5　施磷水平对燕麦生物量的影响

3.3.4　磷肥对燕麦各器官生物量的影响

3.3.4.1　施磷深度对燕麦各器官生物量的影响

如图 3-6 所示，燕麦根系生物量高于其他各器官生物量。燕麦根系生物量随着施

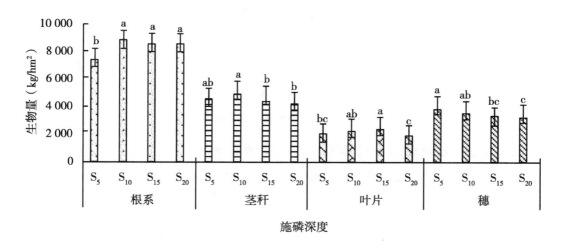

图 3-6　施磷深度对燕麦各器官生物量的影响

磷深度改变的大小顺序为 $S_{10}>S_{20}>S_{15}>S_5$，最大值 8 853.871kg/hm² 出现在 S_{10} 处理，与 S_5 处理差异显著（$P<0.05$）。燕麦茎秆生物量随着施磷深度的增加而先升高后降低，在 S_{10} 处理出现最大值 4 906.68kg/hm²，与 S_{15}、S_{20} 处理差异显著（$P<0.05$）。叶片生物量施磷深度改变呈先升高后降低的变化趋势，最大值在 S_{15} 处理，值为 2 360.55kg/hm²，与 S_5、S_{20} 处理差异显著（$P<0.05$）。穗生物量随着施磷深度的增加而逐渐降低，S_5 处理与 S_{15}、S_{20} 处理差异显著（$P<0.05$）。

3.3.4.2 施磷水平对燕麦各器官生物量的影响

由图 3-7 可知，燕麦根系生物量明显高于燕麦茎秆、叶片、穗的生物量。不同施磷水平处理下根系生物量的大小顺序为 $P_{180}>P_{60}>P_{240}>P_{120}>P_0$，$P_{180}$ 处理显著高于 P_0、P_{120}、P_{240} 处理（$P<0.05$）。茎秆生物量随施磷水平变化的大小为 $P_{240}>P_{120}>P_{180}>P_0>P_{60}$，最大值为 4 740.77kg/hm²，$P_{240}$ 处理与 P_{60} 处理差异显著（$P<0.05$）。叶片生物量随着施磷水平增加呈先降低再升高的变化规律，在 P_{120} 处理叶片最低生物量为 1 933.33kg/hm²，与 P_{180}、P_{240} 差异显著（$P<0.05$）。穗生物量在不同施磷水平的大小顺序为 $P_{240}>P_{120}>P_{180}>P_0>P_{60}$，$P_{240}$ 处理的最大值为 3 975.10kg/hm²，与其他施磷水平差异显著（$P<0.05$）。

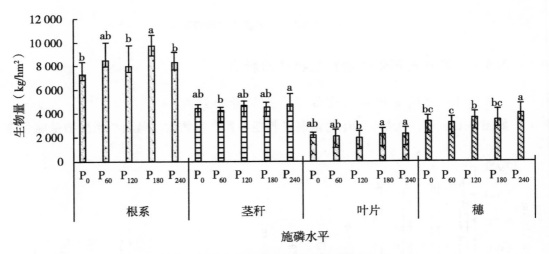

图 3-7　施磷水平对燕麦各器官生物量的影响

3.3.4.3 各处理组合对各器官生物量的影响

由表 3-4 可知，$S_{15}P_{180}$ 处理时燕麦根系生物量最大，值为 11 176.81kg/hm²，与 S_5P_{60}、S_5P_{120}、$S_{10}P_0$、$S_{15}P_0$、$S_{20}P_0$、$S_{20}P_{120}$ 处理差异显著（$P<0.05$），最低值 5 554.11kg/hm² 出现在 S_5P_{60} 处理，与 $S_{10}P_{60}$、$S_{10}P_{180}$、$S_{15}P_{180}$、$S_{20}P_0$、$S_{20}P_{120}$ 处理差异显著（$P<0.05$）。茎生物量最大值 5 700.00kg/hm² 出现在 $S_{10}P_{240}$ 处理，$S_{20}P_{240}$ 处理燕麦茎秆生物量值最小，为 3 888.81kg/hm²，与 S_5P_{240}、$S_{10}P_{240}$ 处理差异显著（$P<0.05$）。叶片生物量最大值 2 772.67kg/hm² 出现在 $S_{15}P_{180}$ 处理，比 $S_{20}P_{120}$ 处理出现的最小值 1 533.46kg/hm² 高出

1 239.21kg/hm²。穗生物量在 $S_{10}P_{240}$ 出现最大值 4 510.77kg/hm²，在 $S_{20}P_{180}$ 处理出现最小值 2 675.06kg/hm²，$S_{20}P_{180}$ 处理与 S_5P_{120}、S_5P_{180}、S_5P_{240}、$S_{10}P_{120}$、$S_{10}P_{240}$ 处理存在显著差异（$P<0.05$）

表 3-4　各处理组合对各器官生物量的影响　　　　　单位：kg/hm²

施磷深度	施磷水平	根系生物量	茎秆生物量	叶片生物量	穗生物量
	P_0	7 973.31± 517.96bcdef	4 296.22± 127.20bc	2 217.66± 19.20abcd	3 493.19± 167.01cd
	P_{60}	5 541.57± 529.57f	3 921.35± 259.68c	2 056.40± 253.61abcd	2 923.09± 252.95cd
S_5	P_{120}	7 364.55± 952.10cdef	4 684.77± 186.86abc	1 938.98± 169.64bcd	3 728.96± 394.86abc
	P_{180}	7 589.48± 595.18bcdef	4 598.01± 322.13abc	1 759.80± 89.23cd	4 452.78± 245.45ab
	P_{240}	8 506.63± 88.64bcde	5 269.96± 460.43ab	2 205.88± 487.65abcd	4 495.21± 532.97a
	P_0	7 524.40± 492.70bcdef	4 803.13± 300.81abc	1 988.97± 79.92bcd	3 245.15± 218.38cd
	P_{60}	9 585.51± 506.92abcd	4 468.34± 288.99bc	1 974.35± 216.07bcd	3 078.70± 87.63cd
S_{10}	P_{120}	8 330.27± 240.09bcde	4 952.14± 87.79abc	2 241.24± 140.45abcd	3 745.93± 34.88abc
	P_{180}	9 971.71± 817.36ab	4 609.80± 441.85abc	2 478.43± 162.08abc	3 082.94± 172.06cd
	P_{240}	8 857.45± 547.28abcde	5 700.00± 299.16a	2 401.09± 331.08abc	4 510.77± 114.49a
	P_0	6 868.02± 788.04ef	4 309.90± 449.18bc	2 086.58± 132.83abcd	2 957.51± 200.13cd
	P_{60}	8 408.07± 968.62bcde	4 413.64± 484.01bc	2 315.74± 245.37abc	3 535.15± 275.07bcd
S_{15}	P_{120}	7 528.65± 628.57bcdef	4 415.99± 274.57bc	2 019.62± 308.76abcd	3 502.15± 237.52cd
	P_{180}	11 176.81± 1 222.40a	4 657.90± 133.11abc	2 772.67± 112.29a	3 422.93± 125.42cd
	P_{240}	7 790.82± 1 096.47bcdef	4 104.31± 380.16bc	2 608.10± 116.48ab	3 308.81± 203.38cd

（续表）

施磷深度	施磷水平	根系生物量	茎秆生物量	叶片生物量	穗生物量
S_{20}	P_0	6 744.94± 611.60ef	4 262.74± 428.79bc	2 326.12± 149.38abc	3 423.87± 149.68cd
	P_{60}	9 807.61± 997.05abc	4 141.09± 262.38bc	1 882.40± 190.92bcd	3 137.64± 206.98cd
	P_{120}	7 195.74± 907.63def	4 593.29± 175.10abc	1 533.46± 70.19d	3 355.50± 255.84cd
	P_{180}	11 068.04± 169.43a	4 155.70± 248.09bc	1 909.75± 131.19bcd	2 675.06± 274.27d
	P_{240}	7 967.65± 816.50bcdef	3 888.81± 387.95c	1 818.27± 20.18cd	3 585.61± 161.40abcd

3.3.5 磷肥对燕麦物质分配规律的影响

3.3.5.1 施磷深度对燕麦根冠比和茎叶比的影响

由图3-8可知，燕麦根冠比随着施磷深度的增加先升高后降低，在S_{10}处理达到最大值0.85，与S_5处理差异显著（$P<0.05$），S_5处理根冠比最小，比最大值减少了0.14。而燕麦茎叶比则随着施磷深度呈先降低后升高的变化趋势，在S_{20}处理最大，为2.36，与S_{10}、S_{15}处理差异显著（$P<0.05$）。

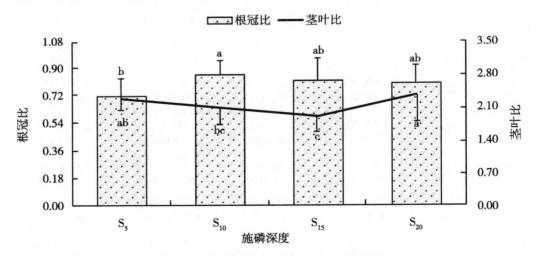

图3-8 施磷深度对燕麦根冠比和茎叶比的影响

3.3.5.2 施磷水平对燕麦根冠比和茎叶比的影响

根据图3-9可知，不同施磷水平间燕麦根冠比不存在显著差异，根冠比的比值大小顺序为$P_{180}>P_{60}>P_{120}>P_0>P_{240}$，$P_{180}$处理最大，为0.85，$P_{240}$处理最小，为0.74。燕麦茎叶比在不同施磷水平下存在显著差异，P_{240}处理的施磷水平下茎叶比最大，为2.39，

比 P_{60} 处理最小值高了 0.48，茎叶比随着施磷水平改变而表现的大小顺序为 $P_{240}>P_{120}>P_0>P_{180}>P_{60}$。

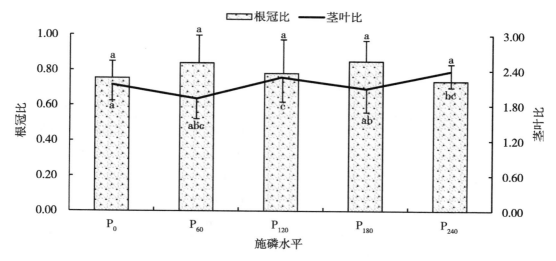

图 3-9　施磷水平对燕麦根冠比和茎叶比的影响

3.3.5.3　各处理组合对燕麦根冠比和茎叶比的影响

如表 3-5 所示，燕麦根冠比在施磷深度与施磷水平的各处理组合中不存在显著差异，$S_{10}P_{60}$ 处理根冠比最大为 0.95，S_5P_{60}、S_5P_{120} 处理的最小值较最大值减少了 0.29。$S_{20}P_{120}$ 处理时燕麦茎叶比最大，为 2.77；$S_{15}P_{60}$ 处理茎叶比最小，与 S_5P_{120}、S_5P_{180}、$S_{20}P_{120}$、$S_{20}P_{240}$ 处理存在显著差异（$P<0.05$）。

表 3-5　各处理组合对燕麦根冠比和茎叶比的影响

施磷深度	施磷水平	根冠比	茎叶比
	P_0	0.80±0.03a	1.94±0.07bcde
	P_{60}	0.66±0.09a	2.05±0.28abcde
S_5	P_{120}	0.66±0.13a	2.48±0.14abcd
	P_{180}	0.74±0.12a	2.62±0.11abc
	P_{240}	0.70±0.06a	2.32±0.22abcde
	P_0	0.85±0.08a	2.36±0.16abcde
	P_{60}	0.95±0.12a	2.04±0.12abcde
S_{10}	P_{120}	0.81±0.03a	1.88±0.1cde
	P_{180}	0.89±0.03a	1.80±0.16de
	P_{240}	0.76±0.03a	2.37±0.25abcde

（续表）

施磷深度	施磷水平	根冠比	茎叶比
S_{15}	P_0	0.68±0.03a	1.91±0.11bcde
	P_{60}	0.87±0.10a	1.69±0.31e
	P_{120}	0.87±0.29a	1.98±0.1bcde
	P_{180}	0.83±0.11a	1.73±0.17e
	P_{240}	0.81±0.06a	2.22±0.09abcde
S_{20}	P_0	0.69±0.06a	2.38±0.18abcde
	P_{60}	0.88±0.09a	1.85±0.41de
	P_{120}	0.80±0.04a	2.77±0.23a
	P_{180}	0.94±0.05a	2.18±0.13abcde
	P_{240}	0.69±0.10a	2.63±0.21ab

3.3.5.4 施磷深度对燕麦各器官贡献率的影响

由图3-10可知，燕麦各器官贡献率随施磷深度的不同所呈现的变化趋势不一致。根系贡献率呈先升高后降低，在施磷深度为S_{15}时值最大，S_5处理的最小值0.42比最大值降低了0.04，且S_{15}处理与S_5处理差异显著（$P<0.05$）。茎秆贡献率随着施磷深度增加先降低后升高，在S_{15}处理茎秆贡献率最小，与S_5、S_{20}处理存在显著差异（$P<0.05$）。叶片贡献率和穗贡献率在不同施磷深度处理均无显著差异，均在S_{10}处理贡献率最小。

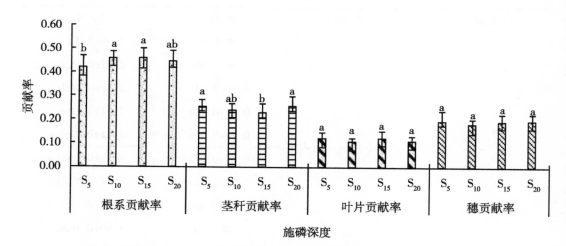

图3-10 施磷深度对燕麦各器官贡献率的影响

3.3.5.5　施磷水平对燕麦各器官贡献率的影响

由图 3-11 可知，燕麦根系贡献率随着施磷水平增加的大小顺序为 $P_{180}>P_{60}>P_{120}>$ $P_0>P_{240}$。不同施磷水平下茎秆贡献率差异不显著，大小顺序为 $P_0=P_{120}=P_{240}>P_{60}=P_{180}$。 P_{120} 和 P_{180} 处理燕麦叶片贡献率最低，均为 0.11。穗贡献率在不同施磷水平的大小顺序为 $P_{60}=P_{240}>P_0=P_{120}>P_{180}$。综上所述，在施磷水平为 P_{180} 时根系贡献率值最大，茎秆贡献率、叶片贡献率、穗贡献率均最小。

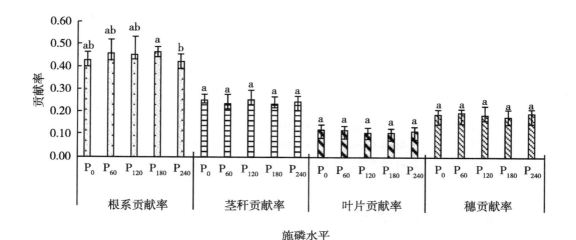

图 3-11　施磷水平对燕麦各器官贡献率的影响

3.3.5.6　各处理组合对燕麦各器官贡献率的影响

由表 3-6 可知，燕麦根系贡献率在施磷深度与施磷水平 $S_{15}P_{120}$ 处值最大，与 S_5P_{60}、 S_5P_{120}、S_5P_{240}、$S_{15}P_0$、$S_{20}P_0$、$S_{20}P_{240}$ 处理差异显著（$P<0.05$）。茎秆贡献率最大值 0.83 出现在 $S_{20}P_{120}$ 处理，$S_{15}P_{60}$ 处理的最小值 0.61 比最大值减少 0.22，且 $S_{20}P_{120}$ 处理 与 $S_{15}P_{60}$ 处理之间差异显著（$P<0.05$）。燕麦叶片贡献率和燕麦穗贡献率在施磷深度和 施磷水平的各处理组合下差异不显著。

表 3-6　各处理组合对燕麦各器官贡献率的影响

施磷深度	施磷水平	根系贡献率	茎秆贡献率	叶片贡献率	穗贡献率
	P_0	0.44±0.01ab	0.75±0.01ab	0.12±0.01a	0.19±0.01a
	P_{60}	0.39±0.03b	0.81±0.04ab	0.12±0.01a	0.23±0.01a
S_5	P_{120}	0.39±0.05b	0.79±0.01ab	0.12±0.01a	0.19±0.02a
	P_{180}	0.46±0.02ab	0.77±0.01ab	0.11±0.02a	0.17±0.04a
	P_{240}	0.41±0.02b	0.69±0.01ab	0.13±0.02a	0.19±0.01a

（续表）

施磷深度	施磷水平	根系贡献率	茎秆贡献率	叶片贡献率	穗贡献率
	P_0	0.46±0.02ab	0.80±0.02ab	0.10±0.01a	0.17±0.01a
	P_{60}	0.49±0.03ab	0.66±0.01ab	0.10±0.01a	0.19±0.03a
S_{10}	P_{120}	0.45±0.01ab	0.68±0.02ab	0.11±0.01a	0.17±0.02a
	P_{180}	0.47±0.01ab	0.70±0.01ab	0.11±0.01a	0.18±0.01a
	P_{240}	0.43±0.01ab	0.73±0.00ab	0.11±0.01a	0.20±0.00a
	P_0	0.41±0.01b	0.69±0.02ab	0.13±0.00a	0.18±0.03a
	P_{60}	0.46±0.03ab	0.61±0.02b	0.14±0.02a	0.21±0.02a
S_{15}	P_{120}	0.52±0.09a	0.74±0.03ab	0.10±0.02a	0.18±0.01a
	P_{180}	0.45±0.03ab	0.67±0.02ab	0.12±0.00a	0.19±0.01a
	P_{240}	0.45±0.02ab	0.71±0.01ab	0.12±0.01a	0.19±0.02a
	P_0	0.41±0.02b	0.77±0.03ab	0.13±0.01a	0.21±0.01a
	P_{60}	0.49±0.02ab	0.76±0.01ab	0.13±0.01a	0.17±0.00a
S_{20}	P_{120}	0.44±0.01ab	0.83±0.01a	0.10±0.01a	0.22±0.02a
	P_{180}	0.48±0.01ab	0.67±0.02ab	0.10±0.00a	0.18±0.03a
	P_{240}	0.41±0.03b	0.82±0.01ab	0.10±0.00a	0.20±0.02a

3.3.6 磷肥对燕麦各器官碳、氮、磷化学计量特征的影响

3.3.6.1 施磷深度对燕麦各器官碳含量的影响

由图 3-12 可知，燕麦根系的碳含量随着施磷深度改变的大小顺序为 $S_{15}>S_5>S_{10}>S_{20}$，S_{15} 处理根系的碳含量达到最大值 27.13%，与 S_{10}、S_{20} 处理差异显著（$P<0.05$）。

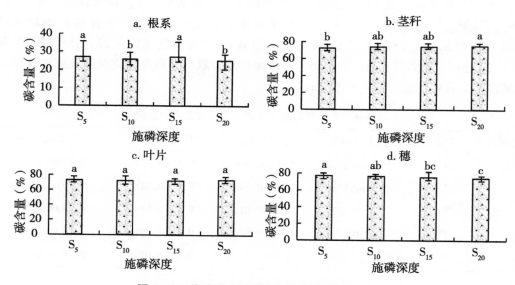

图 3-12 施磷深度对燕麦各器官碳含量的影响

燕麦茎秆的碳含量随着施磷深度的增加逐渐升高，S_{20}处理达到最大值75.04%，S_5处理值72.39%最小，二者相差2.65%且差异显著（$P<0.05$）。叶片的碳含量随着施磷深度的增加逐渐增加，但含量相差不多，差异不显著（$P>0.05$）。燕麦穗的碳含量也随着施磷深度的加深而逐渐降低，S_5与S_{15}、S_{20}处理之间差异显著（$P<0.05$）。

3.3.6.2 施磷水平对燕麦各器官碳含量的影响

由图3-13可知，燕麦根系的碳含量随着施磷水平改变的大小顺序为$P_{180}>P_0>P_{240}>P_{60}>P_{120}$，$P_{180}$与$P_{60}$、$P_{120}$、$P_{240}$处理差异显著（$P<0.05$）。茎秆中碳含量的大小顺序为$P_{180}>P_{240}>P_{60}>P_0>P_{120}$，各处理间差异不显著（$P>0.05$）。叶片中碳含量在$P_{60}$处理下呈现最大值74.51%，与$P_{120}$、$P_{240}$处理差异显著（$P<0.05$），$P_{240}$处理碳含量最小71.12%，较最大值减少了3.39%。穗的碳含量随着施磷水平的增加呈先升高后降低的变化趋势，P_{120}处理达到最大值77.42%，与P_0、P_{180}、P_{240}处理存在显著差异（$P<0.05$）。

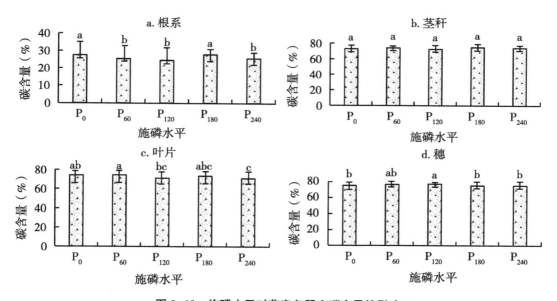

图3-13 施磷水平对燕麦各器官碳含量的影响

3.3.6.3 各处理组合对燕麦各器官碳含量的影响

由表3-7可知，$S_{15}P_0$处理时根系碳含量最大，为34.39%，$S_{15}P_{120}$处理碳含量最小，为18.14%。燕麦茎秆中的碳含量在各处理中差异不显著（$P>0.05$），$S_{20}P_{180}$处理出现最大碳含量44.33%，S_5P_{120}处理出现最小值40.91%，较最大值减少3.42个百分点。叶片中碳含量在$S_{10}P_{60}$处理值最大，为77.68%，与S_5P_{120}、$S_{10}P_{240}$处理差异显著（$P<0.05$），在$S_{10}P_{240}$处理出现最小碳含量64.64%。$S_{20}P_{240}$处理碳含量最小，与S_5P_0、S_5P_{60}、S_5P_{120}、S_5P_{240}、$S_{10}P_0$、$S_{10}P_{60}$、$S_{10}P_{120}$、$S_{15}P_{120}$、$S_{15}P_{180}$、$S_{20}P_{120}$处理差异显著（$P<0.05$）。

表 3-7　各处理组合对燕麦各器官碳含量的影响　　　　　单位:%

施磷深度	施磷水平	根系	茎秆	叶片	穗
S_5	P_0	23.77±0.36h	41.52±1.33a	75.54±2.13ab	44.37±0.57abc
	P_60	19.57±0.18ij	43.18±1.00a	73.10±0.24ab	45.72±0.71a
	P_120	33.66±0.17ab	40.91±1.50a	69.42±2.94bc	44.25±0.13abc
	P_180	32.24±0.25abc	42.57±0.49a	73.24±1.91ab	43.70±1.36abcd
	P_240	26.02±0.26efgh	41.77±0.73a	74.78±0.76ab	45.79±0.88a
S_10	P_0	28.49±0.14cdef	41.41±0.67a	73.98±2.19ab	44.92±0.72ab
	P_60	27.87±1.21defg	43.14±0.09a	77.68±1.80a	45.45±0.76a
	P_120	23.27±1.08hi	41.78±0.67a	72.40±1.28abc	44.48±0.23abc
	P_180	24.92±0.56fgh	44.07±0.82a	73.34±0.97ab	43.57±0.41abcd
	P_240	24.53±1.66gh	44.21±1.60a	64.64±1.20c	43.82±0.53abcd
S_15	P_0	34.39±1.06a	42.32±0.39a	75.19±3.59ab	41.98±0.12cd
	P_60	30.64±0.64abcd	42.46±0.74a	74.82±2.90ab	43.65±0.31abcd
	P_120	18.14±0.26j	43.38±1.11a	70.79±3.53abc	45.42±0.55a
	P_180	29.47±0.83cde	43.42±2.20a	70.86±2.25abc	44.62±1.68ab
	P_240	23.02±0.70hi	43.51±0.15a	70.4±0.29abc	43.67±0.68abcd
S_20	P_0	23.56±0.72h	44.13±0.77a	72.09±2.40abc	43.26±0.17abcd
	P_60	23.89±0.79h	43.49±1.43a	72.45±2.06ab	43.28±0.13abcd
	P_120	23.42±0.83hi	42.66±1.15a	72.67±2.51ab	45.47±1.21a
	P_180	25.21±1.34fgh	44.33±0.79a	77.05±1.43ab	42.73±0.67bcd
	P_240	29.83±1.95bcde	43.02±0.55a	74.68±1.77ab	41.54±0.52d

3.3.7　磷肥对燕麦各器官氮含量的影响

3.3.7.1　施磷深度对燕麦各器官氮含量的影响

由图 3-14 可知,燕麦根系氮含量随着施磷深度的增加先降低后升高,大小顺序为 $S_{20}>S_5>S_{15}>S_{10}$,各处理间差异不显著。茎秆中的氮含量也呈先降低后增加的变化规律,其大小顺序是 $S_{20}>S_{15}>S_5>S_{10}$,S_{20} 处理的最大值 1.26% 比 S_{10} 处理的最小值 0.93% 高出 0.33 个百分点,且两个处理间差异显著 ($P<0.05$)。叶片氮含量在 S_{10} 处理出现最小值 1.96%,显著低于其他 3 个施磷深度处理 ($P<0.05$)。穗的氮含量随着施磷深度的改变没有明显的变化,且各处理差异不显著,最大氮含量为 2.08%。

3.3.7.2　施磷水平对燕麦各器官氮含量的影响

如图 3-15 所示,燕麦根系氮含量随着施磷水平的变化呈先升高后降低的变化趋

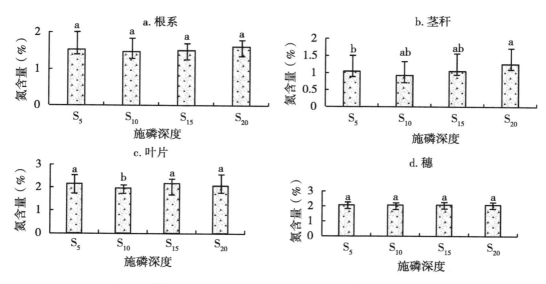

图 3-14 施磷深度对燕麦各器官氮含量的影响

势，在 P_{120} 处理根系氮含量值最大，为 1.68%，与 P_0、P_{240} 处理差异显著（$P<0.05$）。茎秆中氮含量也随着施磷水平的变化呈先升高后降低的变化趋势，在 P_{180} 处理达到最大值 1.28%，P_0 处理含量最少，比最大值降低了 0.55 个百分点，且 P_0 处理与 P_{120}、P_{180}、P_{240} 处理差异显著（$P<0.05$）。叶片中氮含量的大小顺序为 $P_{180}>P_{240}>P_{60}>P_{120}>P_0$，$P_{180}$、$P_{240}$ 处理的氮含量与其他处理有显著差异（$P<0.05$）。燕麦穗的氮含量在不同施磷水平下差异不显著，在 P_{180} 处理穗的氮含量最高。

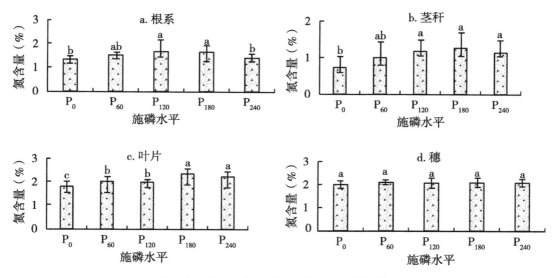

图 3-15 施磷水平对燕麦各器官氮含量的影响

3.3.7.3 各处理组合对燕麦各器官氮含量的影响

由表 3-8 可知，施磷深度与施磷水平的各处理组合对燕麦各器官的氮含量的影响不同。燕麦根系中氮含量最高值出现在 S_5P_{120} 处理，为 1.94%，与 $S_{10}P_0$、$S_{15}P_0$ 处理差异显著（$P<0.05$），最小值 1.18% 出现在 $S_{10}P_0$ 处理，与 S_5P_{120}、$S_{15}P_{180}$、$S_{20}P_{180}$ 处理存在显著差异（$P<0.05$）。茎秆中氮含量最大值 1.55% 出现在 $S_{20}P_{180}$ 处理，与 S_5P_0、$S_{15}P_0$、$S_{20}P_0$ 处理差异显著（$P<0.05$），最小值 0.62% 出现在 S_5P_0 处理，与 $S_{20}P_{180}$、$S_{20}P_{240}$ 处理差异显著（$P<0.05$）。叶片中氮含量最大值 2.58% 出现在 S_5P_{180} 处理，与 S_5P_{240}、$S_{15}P_{60}$、$S_{15}P_{240}$、$S_{20}P_{180}$、$S_{20}P_{240}$ 处理差异不显著（$P>0.05$），在 $S_{20}P_0$ 处理的最小值 1.61%，比最大值减少了 0.97 个百分点。穗的氮含量在各处理组合下差异不显著，在 S_5P_{180} 处理出现最大值 2.19%，最小含量 1.92% 出现在 $S_{20}P_0$ 处理。

表 3-8　各处理组合对燕麦各器官氮含量的影响　　　　　　　　　　单位：%

施磷深度	施磷水平	根系	茎秆	叶片	穗
S_5	P_0	1.40±0.11abc	0.62±0.05c	1.68±0.13gh	2.00±0.05a
	P_{60}	1.44±0.00abc	1.11±0.20abc	2.06±0.15cdef	2.12±0.03a
	P_{120}	1.94±0.61a	1.26±0.17abc	2.12±0.02bcdef	1.98±0.11a
	P_{180}	1.43±0.22abc	1.34±0.13abc	2.58±0.09a	2.19±0.08a
	P_{240}	1.42±0.05abc	0.91±0.08abc	2.33±0.05abcd	2.05±0.11a
S_{10}	P_0	1.18±0.07c	0.80±0.37abc	1.97±0.04efg	2.08±0.08a
	P_{60}	1.56±0.08abc	0.82±0.31abc	1.93±0.09fgh	2.12±0.05a
	P_{120}	1.70±0.28abc	1.01±0.25abc	1.99±0.10defg	2.16±0.20a
	P_{180}	1.60±0.15abc	0.89±0.36abc	2.05±0.04cdef	1.97±0.08a
	P_{240}	1.33±0.12abc	1.14±0.32abc	1.87±0.04fgh	2.04±0.12a
S_{15}	P_0	1.31±0.07bc	0.79±0.24bc	2.00±0.09cdefg	2.02±0.06a
	P_{60}	1.51±0.15abc	0.87±0.41abc	2.34±0.07abc	2.01±0.01a
	P_{120}	1.53±0.03abc	1.13±0.10abc	1.89±0.14fgh	2.03±0.13a
	P_{180}	1.82±0.05ab	1.35±0.17abc	2.31±0.10abcde	2.18±0.15a
	P_{240}	1.38±0.07abc	1.13±0.23abc	2.34±0.08abcd	2.18±0.08a
S_{20}	P_0	1.51±0.04abc	0.73±0.07bc	1.61±0.11h	1.92±0.03a
	P_{60}	1.61±0.14abc	1.24±0.16abc	1.79±0.13fgh	2.17±0.02a
	P_{120}	1.56±0.20abc	1.36±0.11abc	2.02±0.03cdefg	2.17±0.09a
	P_{180}	1.84±0.12ab	1.55±0.09a	2.51±0.07a	2.05±0.16a
	P_{240}	1.56±0.11abc	1.43±0.01ab	2.44±0.02ab	2.11±0.10a

3.3.8　磷肥对燕麦各器官磷含量的影响

3.3.8.1　施磷深度对燕麦各器官磷含量的影响

如图 3-16 所示，施磷深度对燕麦各器官磷含量变化规律的影响不一致。燕麦根系和茎秆中的磷含量均随施磷深度的增加呈先降低后升高的变化趋势，且均在 S_5 处理磷含量最高。燕麦叶片中的磷含量随施磷深度的增加逐渐降低，S_5、S_{10} 处理与 S_{15}、S_{20} 处理差异显著（$P<0.05$）。穗的磷含量则随着施磷深度的增加逐渐升高，S_{20} 处理最大，为 0.37%，与其 S_5 和 S_{10} 处理磷含量差异显著（$P<0.05$）。

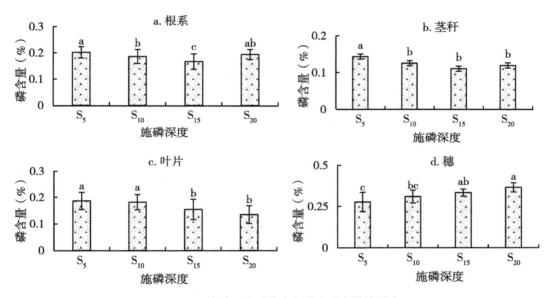

图 3-16　施磷深度对燕麦各器官磷含量的影响

3.3.8.2　施磷水平对燕麦各器官磷含量的影响

如图 3-17 所示，燕麦根系随着施磷水平变化的大小顺序为 $P_{180}>P_{240}>P_{60}>P_{120}>P_0$，$P_{180}$ 处理磷含量最大值为 0.21%，与 P_0、P_{60}、P_{120} 处理差异显著（$P<0.05$）。茎秆中磷含量的大小顺序为 $P_{180}>P_{240}>P_{60}>P_{120}>P_0$，其中 P_{180} 处理与 P_0、P_{60}、P_{120} 处理差异显著（$P<0.05$），最小值与最大值之间相差 0.06 个百分点。叶片中磷含量最大值 0.19% 也出现在 P_{180} 处理，比最小磷含量 0.14% 高出 0.05 个百分点，差异显著（$P<0.05$）。穗的磷含量随着施磷水平的增加逐渐升高，P_{240} 处理与 P_0、P_{60} 处理存在显著差异（$P<0.05$）。

3.3.8.3　各处理组合对燕麦各器官磷含量的影响

由表 3-9 可知，燕麦根系中的磷含量在 $S_{20}P_{180}$ 处理出现最大值 0.23%，在 $S_{15}P_0$ 处理出现最小值 0.14%，比最大值减少 0.09 个百分点。茎秆中的磷含量在 S_5P_{180} 处理最

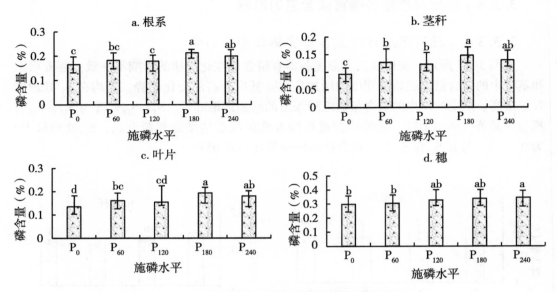

图 3-17   施磷水平对燕麦各器官磷含量的影响

大，为 0.17%，$S_{20}P_0$ 处理最小，为 0.08%，$S_{20}P_0$ 处理与 S_5P_{60}、S_5P_{180}、S_5P_{240}、S_{10} P_{120}、$S_{10}P_{180}$、$S_{15}P_{180}$、$S_{20}P_{240}$ 处理存在显著差异（$P<0.05$）。穗的磷含量在 $S_{20}P_{240}$ 处最大，为 0.39%，与 S_5P_0、S_5P_{60}、S_5P_{120}、$S_{10}P_0$ 处理存在显著差异（$P<0.05$），S_5P_0 处理最小，较最大值降低了 0.15 个百分点，与 $S_{15}P_{180}$、$S_{20}P_{120}$、$S_{20}P_{180}$、$S_{20}P_{240}$ 处理差异显著（$P<0.05$）。

表 3-9   各处理组合对燕麦各器官磷含量的影响   单位：%

施磷深度	施磷水平	根系	茎秆	叶片	穗
	P_0	0.17±0.01cde	0.11±0.01bcde	0.15±0.03abcde	0.24±0.05d
	P_{60}	0.20±0.01abcd	0.16±0.00a	0.19±0.03ab	0.26±0.04cd
S_5	P_{120}	0.19±0.00abcd	0.13±0.02abcde	0.19±0.02ab	0.28±0.06bcd
	P_{180}	0.22±0.00a	0.17±0.02a	0.20±0.01a	0.29±0.05abcd
	P_{240}	0.22±0.00a	0.15±0.01abc	0.21±0.02a	0.31±0.05abcd
	P_0	0.18±0.01bcde	0.09±0.00de	0.17±0.03abcd	0.28±0.02bcd
	P_{60}	0.18±0.03abcde	0.13±0.00abcde	0.17±0.02abcd	0.30±0.02abcd
S_{10}	P_{120}	0.17±0.01cde	0.14±0.01abcd	0.21±0.00a	0.32±0.04abcd
	P_{180}	0.19±0.01abcd	0.15±0.00abc	0.21±0.01a	0.33±0.05abcd
	P_{240}	0.22±0.01ab	0.13±0.02abcde	0.16±0.01abcde	0.32±0.03abcd

（续表）

施磷深度	施磷水平	根系	茎秆	叶片	穗
S₁₅	P₀	0.14±0.02e	0.09±0.01de	0.11±0.03cde	0.33±0.03abcd
	P₆₀	0.17±0.03cde	0.09±0.01de	0.15±0.01abcde	0.32±0.00abcd
	P₁₂₀	0.15±0.01de	0.11±0.02bcde	0.13±0.02bcde	0.33±0.02abcd
	P₁₈₀	0.21±0.01abc	0.15±0.02ab	0.20±0.01a	0.35±0.01abc
	P₂₄₀	0.17±0.01cde	0.11±0.01cde	0.17±0.02abc	0.34±0.01abcd
S₂₀	P₀	0.18±0.01abcde	0.08±0.01e	0.11±0.02de	0.34±0.01abcd
	P₆₀	0.19±0.02abcd	0.12±0.01abcde	0.14±0.01bcde	0.34±0.02abcd
	P₁₂₀	0.20±0.01abcd	0.11±0.02bcde	0.10±0.01e	0.38±0.00ab
	P₁₈₀	0.23±0.01a	0.12±0.00abcde	0.16±0.01abcde	0.38±0.01ab
	P₂₄₀	0.19±0.01abcd	0.15±0.01ab	0.18±0.01abc	0.39±0.00a

3.3.9　磷肥对燕麦各器官碳氮比的影响

3.3.9.1　施磷深度对各器官碳氮比的影响

如图 3-18 所示，根系的碳氮比随着施磷深度的变化没有显著差异，其大小顺序为 S₁₅>S₅>S₁₀>S₂₀。茎秆的碳氮比随着施磷深度的加深呈先升高后降低的变化趋势，S₁₀ 处理碳氮比 52.58，为最大值，与其他 3 个深度差异显著（$P<0.05$）。叶片的碳氮比随着施磷深度的加深其大小顺序为 S₁₀>S₂₀>S₅>S₁₅，S₁₅ 处理碳氮比最小，为 33.67，与 S₁₀、S₂₀ 处理有显著差异（$P<0.05$）。穗的碳氮比随着施磷深度的改变没有显著变化。

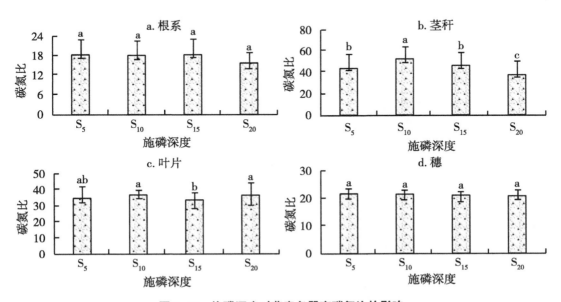

图 3-18　施磷深度对燕麦各器官碳氮比的影响

3.3.9.2 施磷水平对各器官碳氮比的影响

如图3-19所示，施磷水平对各器官碳氮比的影响规律不一致。根系中碳氮比的大小顺序是$P_0 > P_{240} > P_{180} > P_{60} > P_{120}$，最大值在$P_0$处理，与$P_{60}$、$P_{120}$、$P_{180}$处理差异显著（$P<0.05$）。茎秆中碳氮比含量随着施磷水平的增加呈先降低后升高的变化趋势，P_0处理的碳氮比最大，与其他施磷水平差异显著（$P<0.05$）。叶片的碳氮比随着施磷水平的增加逐渐降低，P_0处理的最大值41.3，与其他施磷水平存在显著差异（$P<0.05$）。穗的碳氮比在不同施磷水平处理下差异不显著。

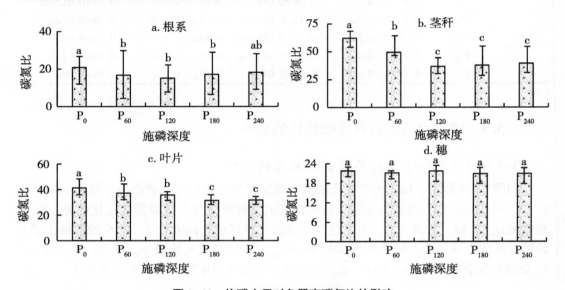

图3-19 施磷水平对各器官碳氮比的影响

3.3.9.3 各处理组合对燕麦各器官碳氮比的影响

根据表3-10可知，根系中碳氮比在$S_{15}P_0$处理出现最大值26.33，比$S_{10}P_{120}$处理的最小值高12.34，$S_{10}P_{120}$处理与S_5P_{180}、$S_{10}P_0$、$S_{15}P_0$处理存在显著差异（$P<0.05$）；茎秆的碳氮比在S_5P_0处理值最大，为67.65，与$S_{10}P_0$、$S_{10}P_{60}$、$S_{10}P_{180}$、$S_{15}P_0$、$S_{15}P_{60}$、$S_{20}P_0$处理差异不显著（$P>0.05$）。叶片的碳氮比最大值在S_5P_0处理，与$S_{10}P_0$、$S_{10}P_{60}$、$S_{15}P_0$、$S_{15}P_{120}$、$S_{20}P_0$、$S_{20}P_{60}$处理差异不显著（$P>0.05$）。穗的碳氮比在各处理组合中所表现的差异不显著（$P>0.05$），$S_{20}P_{240}$处理值最小，为19.75。

表3-10 各处理组合对燕麦各器官碳氮比的影响

施磷深度	施磷水平	根系	茎秆	叶片	穗
S_5	P_0	17.05±1.21bcde	67.65±5.54a	45.18±3.75a	22.18±0.47a
	P_{60}	13.55±0.15de	40.65±6.59ef	35.61±2.37bcde	21.55±0.32a
	P_{120}	19.49±7.03abcde	32.92±3.73f	32.76±1.24cde	22.41±1.27a
	P_{180}	23.06±3.58abc	32.09±2.62f	28.44±1.71e	19.92±0.11a
	P_{240}	18.33±0.73abcde	45.91±2.96bcdef	32.16±0.34de	22.38±1.55a

（续表）

施磷深度	施磷水平	根系	茎秆	叶片	穗
	P_0	24.31±1.59ab	61.07±7.04ab	37.49±0.28abcd	21.60±1.07a
	P_{60}	17.91±1.32bcde	59.49±4.42abc	40.35±2.67abc	21.41±0.70a
S_{10}	P_{120}	13.99±2.01de	43.45±9.02cdef	36.40±1.25bcd	20.82±2.01a
	P_{180}	15.68±1.22cde	57.33±5.62abcde	35.80±1.15bcde	22.15±1.06a
	P_{240}	18.70±2.63abcde	41.54±9.37def	34.51±1.38bcde	21.58±1.37a
	P_0	26.33±2.46a	58.66±5.89abcd	37.67±0.46abcd	20.78±0.70a
	P_{60}	20.50±1.74abcd	61.71±2.65ab	31.93±1.23de	21.70±0.05a
S_{15}	P_{120}	11.84±0.19e	38.84±3.83f	37.83±4.49abcd	22.46±1.14a
	P_{180}	16.22±0.09bcde	32.51±2.29f	30.78±1.84de	20.54±0.84a
	P_{240}	16.69±0.80bcde	40.18±7.24f	30.17±1.07de	20.09±1.01a
	P_0	15.61±0.58cde	61.28±5.98ab	44.87±1.95a	22.55±0.48a
	P_{60}	14.99±2.01cde	35.78±4.73f	40.79±3.84ab	19.91±0.16a
S_{20}	P_{120}	15.32±2.60cde	31.38±1.60f	36.06±1.44bcde	20.99±1.24a
	P_{180}	13.68±0.70de	28.78±2.22f	30.71±0.33de	20.94±1.42a
	P_{240}	19.24±2.16abcde	30.04±0.50f	30.56±0.53de	19.75±0.67a

3.3.10 磷肥对燕麦各器官碳磷比的影响

3.3.10.1 施磷深度对燕麦各器官碳磷比的影响

如图 3-20 所示，根系的碳磷比随着施磷深度的逐渐增加而呈现先升高后降低的变化规律，在施磷深度为 S_{15} 时碳磷比最大，为 160.29，且与其他 3 个处理存在显著差异（$P<0.05$）。茎秆的碳磷比也随着施磷深度增加表现出先升高后降低的变化趋势，S_{15} 处理的最大值为 409.35，与 S_5、S_{10} 处理差异显著（$P<0.05$）。叶片的碳磷比则随着施磷深度的增加逐渐升高，在 S_{20} 处理值最大，与其他施磷深度的值表现显著差异（$P<0.05$）。随着施磷深度增加穗的碳磷比逐渐降低，S_5 处理的碳磷比显著高于其他处理（$P<0.05$）。

3.3.10.2 施磷水平对燕麦各器官碳磷比的影响

如图 3-21 所示，根系的碳磷比随着施磷水平的增加逐渐降低，P_0 处理的最大值 163.2 显著高于 P_{240} 处理的最小值 131.97（$P<0.05$）。茎秆的碳磷比随着施磷水平的改变大小顺序是 $P_0>P_{120}>P_{60}>P_{240}>P_{180}$，$P_0$ 处理的值最大，为 465.63，与其他施磷水平差异显著（$P<0.05$）。叶片的碳磷比大小顺序为 $P_0>P_{120}>P_{60}>P_{240}>P_{180}$，$P_0$ 处理与 P_{180}、P_{240} 处理存在显著差异（$P<0.05$）。穗的碳磷比随着施磷深度的增加逐渐降低，P_0 处理

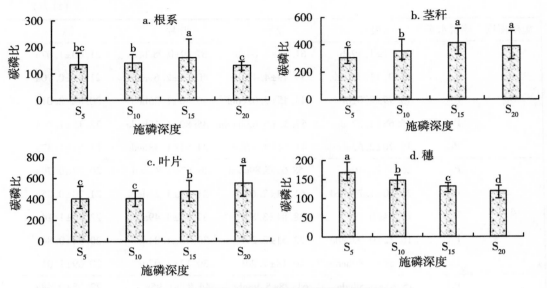

图 3-20　施磷深度对燕麦各器官碳磷比的影响

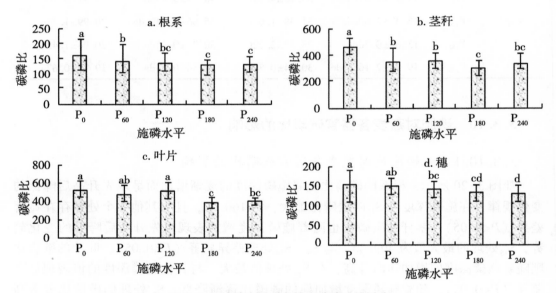

图 3-21　施磷水平对各器官碳磷比的影响

值最大，为 153.52，显著高于 P_{120}、P_{180}、P_{240} 处理（$P<0.05$）。

3.3.10.3　各处理组合对燕麦各器官碳磷比的影响

由表 3-11 可知，施磷深度与施磷水平的各处理组合对燕麦各器官的碳磷比有显著影响。根系碳磷比最大值 219.16 出现在 $S_{15}P_0$ 处理，与其他处理均存在显著差异（$P<0.05$），S_5P_{60} 处理根系碳磷比值最小，为 98.46，比最大值降低了 120.70，与 S_5P_{240}、$S_{10}P_{240}$、$S_{15}P_{120}$、$S_{20}P_{120}$、$S_{20}P_{180}$ 处理没有显著差异（$P>0.05$）。茎秆碳磷比

在 $S_{20}P_0$ 处理出现最大值，为 503.48，与 $S_{10}P_0$、$S_{15}P_0$、$S_{15}P_{60}$ 处理存在的差异不显著（$P>0.05$），S_5P_{180} 处理茎秆碳磷比最小，为 260.77，比最大值减少了 242.71。$S_{20}P_{120}$ 处理叶片中碳磷比最大，为 765.20，与其他处理组合差异显著（$P<0.05$），$S_{10}P_{180}$ 处理碳磷比最小，为 348.03，与 $S_{15}P_0$、$S_{15}P_{120}$、$S_{20}P_0$、$S_{20}P_{120}$ 处理差异显著（$P<0.05$）。穗的碳磷比在 S_5P_0 处理最大，与 S_5P_{60} 处理差异不显著（$P>0.05$），$S_{20}P_{240}$ 处理碳磷比最小，为 105.26，显著低于最大值（$P<0.05$）。

表 3-11　各处理组合对燕麦各器官碳磷比的影响

施磷深度	施磷水平	根系	茎秆	叶片	穗
	P_0	139.24±5.05defg	386.85±13.41bcde	526.80±99.02bcd	195.74±8.05a
	P_{60}	98.46±1.84i	265.60±11.45gh	388.96±74.71bcd	180.07±7.78ab
S_5	P_{120}	172.94±0.82bc	325.73±3.65cdefgh	383.48±67.19bcd	164.89±3.88bc
	P_{180}	145.44±1.64cdef	260.77±25.20h	364.72±14.73cd	152.16±4.94bc
	P_{240}	117.47±1.82fghi	288.68±26.97fgh	359.66±22.77cd	150.96±11.94bcd
	P_0	161.77±5.42bcd	466.76±6.71ab	441.82±76.90bcd	161.47±8.83bcd
	P_{60}	161.49±5.56bcd	328.63±8.34cdefgh	467.32±59.41bcd	152.37±10.47bcd
S_{10}	P_{120}	138.98±6.93defgh	308.63±10.16defgh	349.42±5.21d	145.90±6.97cde
	P_{180}	128.02±5.85fgh	296.06±14.20efgh	348.03±17.18d	139.54±10.66cdef
	P_{240}	111.08±8.05hi	360.00±15.08cdefg	418.50±32.05bcd	137.88±11.47cdef
	P_0	219.16±8.65a	475.95±27.54ab	562.13±56.72b	129.46±12.02cdef
	P_{60}	183.71±9.55b	461.39±5.93ab	498.86±40.11bcd	136.99±2.19cdef
S_{15}	P_{120}	118.89±4.89fghi	405.76±4.18bc	547.59±67.95bc	136.08±7.62defg
	P_{180}	139.81±9.23defg	286.66±32.53fgh	352.29±11.03d	128.69±5.31defg
	P_{240}	139.90±9.82defg	417.02±48.81bc	407.00±45.37bcd	127.06±3.28defg
	P_0	132.62±5.33efgh	503.48±21.08a	549.72±16.07bc	127.41±2.17defg
	P_{60}	129.76±3.08fgh	352.69±32.65cdefgh	537.36±38.18bcd	129.30±8.66defg
S_{20}	P_{120}	117.37±1.84ghi	402.16±13.98bcd	765.20±71.85a	119.74±3.22efg
	P_{180}	111.89±7.61ghi	365.18±17.49cdef	481.04±15.49bcd	113.88±5.92fg
	P_{240}	159.44±8.43bcde	279.26±6.13fgh	425.96±22.63bcd	105.26±1.08g

3.3.11　磷肥对燕麦各器官氮磷比的影响

3.3.11.1　施磷深度对燕麦各器官氮磷比的影响

如图 3-22 所示，燕麦根系的氮磷比随着施磷深度的增加呈先升高后降低的变化趋势，S_{15} 处理下值最大，与 S_5 处理差异显著（$P<0.05$）。茎秆的氮磷比则随着施磷深度的增加而增加，S_{20} 处理的氮磷比与 S_5、S_{10} 处理差异显著（$P<0.05$）。叶片的氮磷比在 S_{20} 处理下值最大，为 15.26，显著高于其他 3 个施磷深度（$P<0.05$）。穗的氮磷比随着施磷深度的增加而降低，S_5 处理显著高于其他 3 个施磷深度（$P<0.05$）。

3.3.11.2　施磷水平对燕麦各器官氮磷比的影响

如图 3-23 所示，根系的氮磷比随着施磷水平的增加呈先升高后降低的变化趋势，

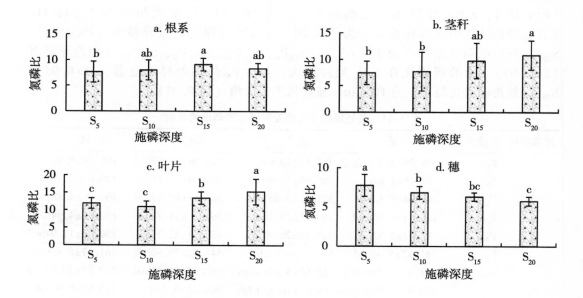

图 3-22　施磷深度对燕麦各器官氮磷比的影响

P$_{120}$处理下值最大，与 P$_{180}$、P$_{240}$处理差异显著（$P<0.05$）。燕麦茎秆和叶片的氮磷比的变化规律一致，各处理间不存在显著差异（$P>0.05$），且在 P$_{120}$处理下出现最高值。穗的氮磷比随施磷水平的升高逐渐降低，差异不显著（$P>0.05$）。

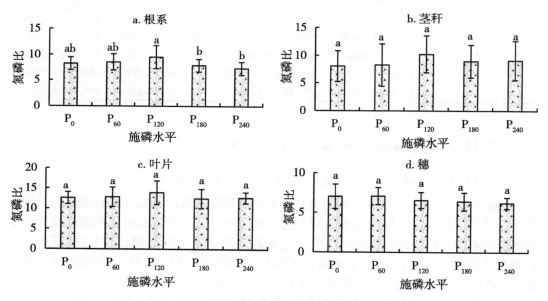

图 3-23　施磷水平对燕麦各器官氮磷比的影响

3.3.11.3 各处理组合对燕麦各器官氮磷比的影响

由表 3-12 可知，根系、茎秆的氮磷比随着施磷深度与施磷水平各处理组合的变化不显著（$P>0.05$）。根系的氮磷比在 $S_{15}P_{120}$ 处理下值最大，为 10.05，最小值出现在 S_5P_{240} 处理，比最大值减少了 3.63。茎秆的氮磷比最大值是 12.99，在 $S_{20}P_{120}$ 处理出现，S_5P_0 处理出现最小值 5.74，与最大值差异不显著（$P>0.05$）。在 $S_{20}P_{120}$ 处理叶片最大氮磷比为 21.28，与其他处理组合差异显著（$P<0.05$），最小值 9.61 出现在 $S_{10}P_{120}$ 处理，与 $S_{15}P_{60}$、$S_{20}P_{120}$、$S_{20}P_{180}$、$S_{20}P_{240}$ 处理差异显著（$P<0.05$）。S_5P_0 处理穗的氮磷比最大，为 8.64，与 $S_{20}P_{60}$、$S_{20}P_{120}$、$S_{20}P_{180}$、$S_{20}P_{240}$ 处理差异显著（$P<0.05$），$S_{20}P_{240}$ 处理穗的氮磷比最小，为 5.34。

表 3-12 各处理组合对燕麦各器官氮磷比的影响

施磷深度	施磷水平	根系	茎秆	叶片	穗
S_5	P_0	8.23±0.90a	5.74±0.30a	12.85±0.85bcd	8.64±1.60a
	P_{60}	7.27±0.20a	6.78±1.10a	10.89±1.71cd	8.35±1.12ab
	P_{120}	9.96±1.06a	10.13±1.96a	11.66±1.74bcd	7.34±1.15abc
	P_{180}	6.46±0.99a	8.12±0.34a	12.85±0.51bcd	7.64±0.96abc
	P_{240}	6.42±0.20a	6.35±1.03a	11.18±0.63cd	6.71±0.80abc
S_{10}	P_0	6.67±0.28a	9.08±2.21a	11.78±2.03bcd	7.51±0.74abc
	P_{60}	8.96±0.89a	6.28±2.54a	11.55±0.93bcd	7.13±0.59abc
	P_{120}	10.19±1.99a	7.41±1.47a	9.61±0.34d	6.83±0.36abc
	P_{180}	8.25±1.05a	6.02±2.62a	9.74±0.68cd	6.15±0.85abc
	P_{240}	6.06±0.93a	9.64±2.45a	12.11±0.48bcd	6.38±0.16abc
S_{15}	P_0	9.55±0.70a	8.48±1.42a	13.61±1.16bcd	6.24±0.61abc
	P_{60}	9.10±2.02a	7.51±2.13a	15.60±0.73b	6.31±0.11abc
	P_{120}	10.05±0.54a	10.36±1.44a	13.11±1.31bcd	6.25±0.87abc
	P_{180}	8.62±0.56a	8.86±1.16a	11.51±1.01bcd	6.28±0.37abc
	P_{240}	8.38±0.33a	11.04±2.67a	13.46±1.02bcd	6.33±0.18abc
S_{20}	P_0	8.50±0.19a	8.79±1.41a	12.09±0.24bcd	5.65±0.22abc
	P_{60}	8.82±1.56a	10.13±2.24a	13.32±1.82bcd	6.49±0.39bc
	P_{120}	7.85±1.11a	12.99±2.51a	21.28±2.44a	5.72±0.24c
	P_{180}	8.20±0.69a	12.73±0.75a	15.66±0.55b	5.48±0.60c
	P_{240}	8.36±0.72a	9.30±0.36a	13.93±0.54bc	5.34±0.24c

3.4 相关性分析

3.4.1 燕麦形态学指标及物质分配的相关性分析

由表 3-13 可知，地上生物量和地下生物量、茎秆生物量、穗生物量有极显著相关关系（$P<0.01$）；地下生物量与茎秆生物量、穗生物量有极显著相关关系（$P<0.01$）；根系生物量与根系贡献率显著相关（$P<0.05$）、与茎秆贡献率及根冠比极显著相关（$P<0.01$）；茎秆生物量与穗生物量极显著相关（$P<0.01$）；叶片生物量与茎秆贡献率显著相关（$P<0.05$）和茎叶比存在极显著相关关系（$P<0.01$）；根系贡献率与穗贡献率显著相关（$P<0.05$），和根冠比有极显著相关关系（$P<0.01$）；茎秆贡献率和茎叶比有极显著相关关系（$P<0.01$），与根冠比显著相关（$P<0.05$）；茎叶比与根冠比之间显著相关（$P<0.05$）。

3.4.2 燕麦各器官碳、氮、磷含量的相关性分析

由表 3-14 可知，根系氮含量与茎秆氮含量显著相关（$P<0.05$）；根系磷含量与茎秆、叶片氮含量存在显著相关关系（$P<0.05$），与茎秆磷含量极显著相关（$P<0.01$）；茎秆氮含量与茎秆磷含量、穗磷含量、穗氮含量显著相关（$P<0.05$），与叶片氮含量极显著相关（$P<0.01$）；茎秆磷含量与叶片氮含量存在显著相关关系（$P<0.05$）；穗碳含量与穗磷含量存在显著负相关关系（$P<0.05$）。

3.4.3 燕麦各器官化学计量特征的相关性分析

由表 3-15 可知，根系碳氮比与根系的碳磷比之间极显著相关（$P<0.01$）；茎秆碳氮比与茎秆碳磷比、穗碳氮比存在显著相关关系（$P<0.05$），与茎秆氮磷比、叶片碳氮比极显著相关（$P<0.01$）；茎秆碳磷比与叶片碳磷比存在极显著相关关系（$P<0.01$）；茎秆氮磷比与叶片碳磷比、穗氮磷比存在显著相关关系（$P<0.05$），与叶片氮磷比、穗碳磷比存在极显著相关关系（$P<0.01$）；叶片碳氮比与叶片碳磷比存在显著相关关系（$P<0.05$）；叶片碳磷比与叶片氮磷比存在极显著相关关系（$P<0.01$）；穗碳磷比与穗氮磷比之间存在极显著相关关系（$P<0.01$）。

3.5 讨论

3.5.1 磷肥下移对株高和生物量的影响

株高作为反映植物生长状况的一种形态指标，容易受到外界环境的影响，施肥是提

表3-13　燕麦形态学指标及物质分配的相关性分析

指标	株高	地上生物量	地下生物量	根系生物量	茎秆生物量	叶片生物量	穗生物量	根系贡献率	茎秆贡献率	叶片贡献率	穗贡献率	茎叶比	根冠比
株高	1.00												
地上生物量	-0.14	1.00											
地下生物量	-0.14	1.00**	1.00										
根系生物量	0.32	0.28	0.28	1.00									
茎秆生物量	-0.23	0.86**	0.86**	0.18	1.00								
叶片生物量	-0.24	0.29	0.29	0.31	0.22	1.00							
穗生物量	-0.16	0.64**	0.64**	-0.11	0.70**	0.06	1.00						
根系贡献率	0.22	0.11	0.11	0.53*	-0.05	-0.04	-0.22	1.00					
茎秆贡献率	0.16	-0.39	-0.39	-0.58**	-0.19	-0.55*	0.06	-0.36	1.00				
叶片贡献率	-0.38	-0.01	-0.01	-0.14	-0.05	0.41	0.10	-0.37	-0.31	1.00			
穗贡献率	-0.11	-0.12	-0.12	-0.42	-0.18	0.00	-0.07	-0.52*	0.25	0.18	1.00		
茎叶比	0.24	0.03	0.03	-0.39	0.12	-0.57**	0.39	-0.37	0.69**	-0.41	0.21	1.00	
根冠比	0.14	0.11	0.11	0.69**	-0.03	0.07	-0.38	0.90**	-0.50*	-0.34	-0.38	-0.45*	1.00

注：* 在0.05水平（双尾）相关性显著。

** 在0.01水平（双尾）相关性极显著。

表3-14 燕麦各器官碳、氮、磷含量的相关性分析

指标	根系碳含量	根系氮含量	根系磷含量	茎秆碳含量	茎秆氮含量	茎秆磷含量	叶片碳含量	叶片氮含量	叶片磷含量	穗碳含量	穗氮含量	穗磷含量
根系碳含量	1.00											
根系氮含量	0.10	1.00										
根系磷含量	0.02	0.26	1.00									
茎秆碳含量	−0.41	0.09	0.26	1.00								
茎秆氮含量	0.03	0.53*	0.56*	0.29	1.00							
茎秆磷含量	0.01	0.29	0.58**	0.05	0.46*	1.00						
叶片碳含量	0.18	−0.01	−0.13	−0.18	−0.23	−0.07	1.00					
叶片氮含量	0.41	0.23	0.45*	0.00	0.60**	0.47*	0.19	1.00				
叶片磷含量	−0.12	0.31	0.00	−0.17	0.30	0.35	−0.33	0.19	1.00			
穗碳含量	−0.43	−0.06	0.11	−0.28	−0.18	0.17	−0.08	−0.21	0.20	1.00		
穗氮含量	−0.06	0.02	0.24	0.00	0.51*	0.43	−0.01	0.38	0.17	0.18	1.00	
穗磷含量	−0.02	0.32	0.14	0.54*	0.56*	−0.09	−0.01	0.31	0.12	−0.46*	0.19	1.00

注：* 在0.05水平（双尾）相关性显著。
** 在0.01水平（双尾）相关性极显著。

表3-15 燕麦各器官化学计量特征的相关性分析

指标	根系碳氮比	根系碳磷比	根系氮磷比	茎秆碳氮比	茎秆碳磷比	茎秆氮磷比	叶片碳氮比	叶片碳磷比	叶片氮磷比	穗碳氮比	穗碳磷比	穗氮磷比
根系碳氮比	1.00											
根系碳磷比	0.76**	1.00										
根系氮磷比	-0.25	0.42	1.00									
茎秆碳氮比	0.31	0.38	0.04	1.00								
茎秆碳磷比	0.24	0.37	0.20	0.53*	1.00							
茎秆氮磷比	-0.17	-0.16	0.08	-0.63**	0.28	1.00						
叶片碳氮比	-0.17	-0.01	0.22	0.63**	0.44	-0.28	1.00					
叶片碳磷比	-0.08	0.05	0.17	0.10	0.61**	0.47*	0.46*	1.00				
叶片氮磷比	0.00	0.01	-0.02	-0.27	0.36	0.67**	-0.11	0.80**	1.00			
穗碳氮比	-0.17	-0.14	0.05	0.51*	0.26	-0.32	0.43	0.05	-0.25	1.00		
穗碳磷比	0.09	-0.04	-0.16	0.43	-0.16	-0.61**	0.34	-0.26	-0.44	0.46*	1.00	
穗氮磷比	0.16	-0.01	-0.20	0.30	-0.24	-0.55*	0.23	-0.29	-0.40	0.21	0.96**	1.00

注：* 在0.05水平（双尾）相关性显著。

** 在0.01水平（双尾）相关性极显著。

高作物产量和质量的重要栽培措施之一，在农业生产中被广泛利用，过量的施肥抑制了植物的正常生长发育和养分的吸收利用，也造成了资源浪费和生态环境污染。李立新等（2004）研究表明，适宜的磷肥用量能增加烟株的高度，使烟株生长健壮，根系发达，促进烟株对氮、钾的吸收，从而提高烟叶产量和品质，这与本研究结果相似。本试验结果表明，施磷深度对燕麦株高的影响随着施磷深度的增加而增加，且影响显著；燕麦株高随着施磷水平的增加呈先升高后降低的变化趋势，在P_{180}处理下最高，且显著高于其他施磷水平，施磷深度与施磷水平的交互作用对燕麦株高的影响显著。小麦株高在灌浆期已经基本保持不变，能够有效反映出外界生长环境因素对植株生长的影响。邢丹等（2015）研究表明，施磷可促进冬小麦生长，增加植株高度，这与本研究结果一致，说明施磷对燕麦生长发育有促进作用，施磷量对燕麦生长的影响说明当土壤磷含量达到一定阈值便不会再增加燕麦生长高度。

生物量作为常见的生产测定指标，反映植物生长的总体趋势，不同器官生物量更是反映了在源库关系调整下干物质在各器官中的分配规律和数量。潘瑞炽等（2001）从源库理论出发，认为作物产量既取决于"源"的光合物质生产能力又取决于"库"的大小和"库"的强度，较大的"库"容和"库"强度可促进"源"的光合物质生产与运转，进而实现高产。磷肥施用能够促进根的活力和总吸收面积，影响根系构型和农艺性状，从而提高光合作用强度，加速光合产物的积累，促进干物质分配，提高作物产量。植物体生物量的形成对磷肥的吸收有一定的阈值，当施磷量超过阈值时会影响作物的干物质积累量和产量形成，即在一定的施磷量范围内施肥有提高燕麦生物量的效果。本研究中随着施磷深度的增加根系、茎秆的生物量在10cm处值最大，叶片生物量在15cm处最大；随着施磷水平的增大燕麦根系、叶片生物量在P_{180}处理下值最高，茎秆、穗的生物量最大；$S_{15}P_{180}$处理燕麦根系、叶片的生物量最大，$S_{10}P_{240}$处理燕麦茎秆、穗的生物量最大。随着施磷深度的增加燕麦总生物量、地上生物量、地下生物量均在10cm处达到最大值；总生物量、地上生物量随着施磷水平的增高逐渐增加，P_{240}处理值最大；$S_{15}P_{180}$处理燕麦总生物量和地下生物量值最大。燕麦株高也在$S_{15}P_{180}$处理下最高。霍海丽等（2014）研究认为，添加磷肥能够有效提高紫花苜蓿地上生物量和地下生物量，但对燕麦株高的影响不显著。本试验的研究结果与其结论不完全一致，可能是由于植物类型不同，对土壤磷素的敏感程度不同导致的。

3.5.2 磷肥下移对物质分配规律的影响

干物质是植物生物产量的基础，是植物体光合作用产物的最终表现形式，通常认为植物较高的生物产量依赖于较高的干物质量。茎叶也可以临时贮藏光合产物，叶柄和茎是源库联系和光合产物向下转运的通道，是"源""库"之间的"流"。干物质积累是产量形成的物质保证，而干物质转运能力和转运效率对作物高产的形成同样重要。汪宝卿等（2017）认为甘薯干物质积累与分配受到多方面因素的影响，包括温度、光照、水分、养分、CO_2和O_2、土壤物理性状、微重力、覆膜、施肥、栽插方式等，总体上可以将其归纳为环境因素和栽培措施。植物的生长速率、生长模式、获取资源的能力以及形态建成在一定程度上都受干物质分配的影响。

干物质是光合作用产物在植株不同器官中积累和分配的结果，受基因型、栽培措施及栽培环境的影响较大，施磷肥是调节同化物转运和分配的重要栽培措施。在本研究中，燕麦各器官干物质贡献率变化不同，燕麦根系、叶片在施磷深度为15cm时贡献率最高，茎秆贡献率和茎叶比在20cm时最大，说明施磷深度的加深能够有效促进燕麦各部分生物量的提高；随着施磷水平的不同，燕麦根系贡献率先升高后降低，在施磷水平为180kg/hm^{2}时值最大，根冠比和茎叶比分别在180kg/hm^2、240kg/hm^{2}的施磷水平下值最大，这可能是由于过量的磷肥添加抑制了干物质向根的分配，而对茎秆、叶片、穗的贡献率均没有显著影响。王月福等（2002）的研究认为，过量施肥不利于影响器官贮存性同化物向籽粒的分配，导致粒重降低，本研究结果与其结论相似。

3.5.3 磷肥下移对碳、氮、磷含量的影响

碳、氮、磷元素在植物生长和生理机制调节方面的耦合作用最强，是植物体最基本的结构性和功能性物质。植物生长过程的实质是植物体各器官碳、氮、磷元素的积累与相对比例的调节过程。碳是植物体干物质的主要组成成分，氮和磷是植物体蛋白质和各种遗传物质的主要组成成分，氮在植物组织中以叶片含量占最大部分，另外一部分在其他维持叶片生命的器官中，磷素在植物体干重总重中占0.05%~0.30%。氮、磷是作物吸收的主要营养元素，其积累对植株干物质生产和产量形成至关重要。碳、氮在植物体的分配与植物器官部位、发育时期及其对环境胁迫的适应能力有关。

磷是细胞结构的重要组成成分，在储存和转移能量的酶结构中也是最为关键的成分之一。在植物生长期间，植物细胞中磷的浓度与光合速率密切相关。当细胞内磷含量到达一定浓度时，外界磷的添加量不影响植物的光合速率，当磷的添加量处于较低水平并成为限制因素时，对植物叶片的生长产生显著影响，包括叶面积、叶片数量、叶片生长速率等方面。在本研究中，燕麦叶片磷含量随着施磷深度的增加逐渐降低，可能是由于土壤中施入的磷肥被金属离子固定，从而导致燕麦根系对磷的吸收受到抑制。随着施磷水平的增加燕麦叶片中磷含量呈现先升高后降低的变化规律，在180kg/hm^{2}水平下磷含量最高，在一定范围内适量供磷可以促进根系对养分的吸收，维持燕麦的正常生长发育，但当磷肥施用量过度的时候植物呼吸作用增强，营养器官发育不充分，对磷的吸收速率减缓。

碳、氮元素是燕麦作为有机体的主要组成元素，参与植物光合作用和碳水化合物的合成与运转，碳、氮元素的增加可促进植物叶片光合产物的运输。磷素对植物光合作用有重要的调节作用，适宜的磷浓度有助于植物体维持较高水平的光合作用，而磷胁迫条件会导致植物光合速率降低，阻碍光合产物从叶片中输出；磷浓度过高同样不利于光合作用的正常进行。叶片作为植物体光合作用的主要器官，在本试验中，燕麦叶片的碳含量随施磷深度的增加逐渐升高，施磷水平对燕麦叶片碳含量的影响在施磷量为60kg/hm^{2}时最大，在$S_{10}P_{60}$处理下碳含量最大。这说明施磷深度的加深有利于燕麦根系对养分元素的吸收，从而促进燕麦叶片对碳素的积累，加强叶片光合作用的反应。当施磷水平过高时燕麦叶片的碳含量显著低于不施磷肥的燕麦叶片，这进一步证明过高的磷肥施用会抑制叶片碳含量的积累，不利于光合作用的进行。

3.5.4　磷肥下移对燕麦各器官碳氮比、碳磷比、氮磷比的影响

　　植物体内的养分化学计量特征能有效反映植物的生存策略。研究表明，植物氮磷比在一定程度上能够显示植物体对氮和磷两种元素的需求状况，以及生态系统的养分限制情况，碳氮比和碳磷比也可以反映土壤养分供应情况对植物生长速率的影响，碳氮比是光合产物分配方向的重要指标，维持稳定的碳氮比有利于植株正常生长。结构性元素碳一般情况下不会限制植物生长。随着施磷深度的增加，燕麦各器官的碳氮比变化不一致，根系的最大值在 S_{15} 处理出现，茎秆和叶片的最大值在 S_{10} 处理出现；各器官的碳氮比随着施磷水平的变化表现不同的变化规律，各施磷水平下根系、茎秆的碳氮比显著低于 P_0 处理，叶片的碳氮比也随着施磷水平的增加逐渐降低；施磷深度和施磷水平的交互作用下燕麦茎秆和叶片的碳氮比在 S_5P_0 处理出现最大值，说明适量施加磷肥促进了叶片对氮的吸收和利用，叶片中有更多的氮参与生理代谢活动，用来加快植物的生长速率，施磷深度与施磷水平对各器官碳氮比的降低效果不一致。施磷深度增加燕麦根系、茎秆的碳磷比，最大值在 S_{15} 处理出现，随施磷深度的增加叶片碳氮比逐渐升高，穗的碳氮比逐渐降低，说明磷肥的施入抑制了根系对氮的吸收，提高了氮在燕麦植物体内的利用效率，磷肥施入越深燕麦对氮的吸收越受到抑制。随着施磷水平的增加，燕麦根系和穗的碳磷比逐渐降低，各施磷水平下茎秆和叶片的碳磷比均显著低于 P_0 处理，说明磷肥添加显著降低了燕麦的碳磷比，原因可能是磷肥的施入促进了植物的生长，较高的生长速率需要有蛋白质积累，而蛋白质的合成需要大量的核糖体 RNA，从而核糖体 RNA 中分配的磷增加，导致植物体细胞中磷含量的增加，最终表现为磷肥施入后燕麦的碳磷比低于未施磷处理。

　　在满足植物生长所需的基础施肥量后，植物对施肥的响应和利用效率不再受施肥量的影响，而是靠体内养分化学计量特征来调控，即植物体内各元素含量随施肥量增加而逐渐升高，当到达元素饱和点后便不再升高。氮、磷作为植物生长的限制性元素，叶片的氮磷比经常被作为判断植物生长养分供应状况的指标。根据生态计量化学研究中植物组织的氮磷比大于 16 时，生长主要受氮限制；氮磷比小于 14 时，生长主要受氮限制；氮磷比在 14~16，生长受氮和氮的共同限制。在本研究中，燕麦叶片中氮磷比随施磷深度的增加而增加。在 S_5、S_{10}、S_{15} 处理氮磷比均小于 14，说明燕麦生长主要受氮限制，在 S_{20} 处理叶片氮磷比为 15.26，生长受氮、磷元素共同限制，可能是由于随施磷深度的逐渐加深燕麦生长过程中根系对磷肥的吸收利用不充分造成的，燕麦叶片中氮磷比在不同施磷水平下均小于 14，说明单施磷肥使燕麦的生长开始受氮限制。贫瘠的沙质土壤中磷素含量随磷肥的增加而增加，充分满足了燕麦对磷的需求，从而导致土壤中氮素的缺失，使燕麦生长主要受氮限制。燕麦根系和茎秆中的氮磷比均随着施磷水平的逐渐增加而表现先升高后降低的变化趋势。在 P_{120} 处理下氮磷比值最大，说明磷肥施入量较低时能够促进燕麦根系和茎秆对氮元素的吸收，但是当磷肥施入量能够满足燕麦基础生长所需量之后更多磷肥的添加会促进燕麦根系和茎秆对磷的吸收和利用，抑制对氮的吸收。

3.6　结论

施磷深度、施磷水平对燕麦株高的影响极显著，施磷深度与施磷水平的交互作用对株高有显著影响，$S_{15}P_{180}$处理燕麦生长最高。随着施磷深度的增加燕麦总生物量、地上生物量、地下生物量均在S_{10}处理值最大，并与其他处理差异显著；施磷水平对燕麦生物量的影响不同，地上生物量和总生物量在施磷水平为P_{240}时最大，P_{180}处理显著增加了燕麦地下生物量。施磷深度与施磷水平的交互作用对燕麦各生物量均有极显著影响，S_5P_{240}处理总生物量和地上生物量最大，地下生物量最大值则出现在$S_{15}P_{180}$处理，表明磷肥施入深度和施入量分别在15cm、180kg/hm² 时最适宜燕麦的生长和干物质的积累。

燕麦茎叶比、茎秆贡献率随着施磷深度的增加先降低后升高，在S_{15}处理下最小，施磷深度对叶片的影响不显著，说明施磷深度主要通过影响茎秆贡献率的大小来影响燕麦地上生物量的多少；施磷深度对燕麦地下生物量的促进作用在S_{15}处理最显著。增加施磷水平对燕麦茎叶比和根系贡献率的影响显著，根系贡献率随施磷水平的增加呈先升高后降低的变化趋势，在P_{180}处理值最大，而燕麦叶片贡献率在P_{180}处理下值最小，说明适量的施磷水平对燕麦根系的物质分配有促进作用。

适当的磷肥深施能够有效增加燕麦体内的碳含量，但对叶片碳含量影响不显著；施磷深度对茎秆、叶片的氮含量影响显著，根系、茎秆、叶片的磷含量随着施磷深度的增加而降低。适当的施磷水平对燕麦根系和叶片的碳含量有显著影响，在一定范围内施磷水平增加能够促进燕麦根系和叶片对氮的吸收，燕麦体内各器官的磷含量随施磷水平增加而增加，当达到一定阈值后增加施磷量燕麦体内的磷含量降低。

磷肥施入越深，根系对氮的吸收受到抑制，导致根系和叶片的碳氮比降低。施磷深度对燕麦根系和叶片的碳磷比、氮磷比影响显著，随着施磷深度的增加而增加。增加施磷水平，燕麦根系和叶片的碳氮比、碳磷比随之降低，均低于未施磷处理。当施磷水平增加能够满足燕麦正常生长所需后，植株体内磷含量增加，对氮吸收相对较少，使燕麦生长受到氮的限制。

4 施氮对不同品种饲用燕麦产量及生理特性的影响

4.1 概述

4.1.1 研究背景

燕麦为一年生禾本科燕麦属草本植物，是我国北方及西北地区重要的粮饲兼用作物，同时也是重要的牧草作物。燕麦作为重要的粮食作物，种植分布广，仅次于小麦、玉米、水稻、大麦和高粱。我国燕麦年种植面积约 70 万 hm^2，饲用燕麦年种植面积约 33 万 hm^2。饲用燕麦在科尔沁沙地一年可以种植两季，是苜蓿等豆科牧草的倒茬作物，具有耐寒、耐旱、耐贫瘠、较强的抗逆性和较高的营养价值等优良生物学特性。"粮改饲""草牧业"等政策的实施，使农业种植结构不断优化，燕麦产业发展迅速。饲用燕麦作为苜蓿倒茬饲用植物，在科尔沁沙地的沙化草地种植面积迅猛增加。随着内蒙古农牧交错区奶牛、肉羊等农区畜牧业的不断发展，饲草料尤其是青绿饲草的需求量不断增加，燕麦作为我国优良的饲草，在饲草料利用方面具有较大发展潜力，饲用燕麦栽培对我国畜牧业的发展具有十分重要的作用。

科尔沁沙地是中国北方典型的半干旱农牧交错带区域，土壤贫瘠，是沙漠化较为严重的地区之一。氮肥对沙地生境下饲用燕麦叶片衰老的延缓、功能叶作用时间效率与产量的提高或品质改善作用效果明显，而不合理施用氮肥会造成燕麦生长受阻，影响燕麦产量和品质。基因型（品种）是影响燕麦生产性能的决定性因素，而地域、气候、土壤及种植方式等是燕麦产量和品质的重要条件。不合理施肥、管理方式不当，品种的选择不合适，氮肥利用效率低等诸多问题导致产量低、生产成本高，品质较差，与此同时给环境带来了一定程度的污染。筛选氮高效的饲用燕麦品种与适宜的施氮量是解决这一问题的重要途径。

4.1.2 国内外研究进展

4.1.2.1 氮肥对植物农艺性状的影响

饲用作物的生物产量受多个农艺性状的影响。不同品种和栽培措施使农艺性状对生物产量构成的重要性不尽相同。肥料为作物生长提供充足的养分，是提高单产的重要措施。影响燕麦饲草干草产量的因素有很多，主要因素之一为品种的选择与栽培管理技术。丁成龙等（1999）对美洲狼尾草（*Pennisetum americanum*）的研究表明，随施氮量的增加，鲜草、干草产量显著提高；王安洪等（2020）研究表明，施氮可增加凤冈县水稻的产量，随着施氮用量的增加，品种'宜香优1108'产量表现出先升高后降低的趋势，其施用尿素30kg/亩时产量最高；曹家洪等（2021）研究表明，玉米产量随施氮量的增加呈现先升高后降低的趋势，适宜的施氮量有利于产量的提高，但超过一定的范围产量则会降低。肖继兵等（2017）研究表明，玉米群体产量随着施氮量的增加表现为先升高后降低的变化趋势。施肥可增加作物的产量。

茎叶比是衡量牧草品质的一个重要指标，茎叶比越大，茎秆所占的比重就越大，植物的纤维素和木质素含量越高，牧草品质越差，影响适口性。干鲜比是衡量植物品质、干物质积累程度和利用价值的重要指标。

叶片是植物进行光合作用和蒸腾作用的主要器官，叶片的大小与形态直接影响植物净光合强度，进而影响品质。吴家胜等（2002）研究表明，在一定范围内，叶面积越大接受的光能及光合产物越多，施氮对银杏单叶面积有显著影响，但超过一定施氮量单叶面积呈下降的趋势。张衍华等（2007）研究表明，增施氮肥可显著增加小麦旗叶叶面积，延长旗叶功能期，可增加小麦的光合效率。张永强等（2020）研究表明，不同施氮水平处理下的冬小麦，随着生育进程叶面积指数呈现先升高后降低的变化趋势，各处理均在孕穗期叶面积指数期达到最大，适宜地追施氮肥可以有效促进冬小麦叶面积指数的增加。吴宗钊等（2021）研究表明，施氮量的增加能够增加水稻叶面积，可提高光合能力，获得更高的产量。

4.1.2.2　氮肥对植物干物质积累及氮素吸收利用的影响

干物质是衡量植物有机物积累、营养成分的一个重要指标，牧草鲜干比反映了牧草的干物质累积程度和利用价值。樊叶等（2021）研究发现，施氮量对玉米各个生育时期干物质积累量有显著的影响，干物质积累量随着施氮量的增加显著提高，增施氮肥是提高玉米干物质积累量的有效措施。与不施氮肥处理相比，施氮显著提高了玉米干物质积累量，灌浆期至成熟期干物质积累量以施氮量为210kg/hm²的处理最高。作物种类或品种不同，生态环境和栽培条件不同，各个时期所经历的时间、干物质积累速度、积累总量及在器官间的分配均有所不同。干物质的分配随作物种类、品种、生育时期及栽培条件而异。生育时期不同，干物质分配的重心也有所不同。

氮肥利用率是衡量氮肥施用是否合理的重要指标。José等（2016）研究表明，施氮量为60kg/hm²时可以提高燕麦的氮肥利用率和产量。认为粮食作物氮肥利用率为30%~50%，氮肥偏生产力为40~70kg/kg，氮肥生理利用率为30~60kg/kg，氮肥农学效率为10~30kg/kg，氮肥效率目标值在上述范围内比较适宜。近年来，张福锁等（2008）分析了我国主要粮食作物小麦、玉米和水稻的氮肥效率，结果表明，小麦、玉米和水稻的氮肥农学效率分别为8.0kg/kg、19.8kg/kg和10.4kg/kg，氮肥利用率分别为28.2%、26.1%和28.3%，远低于国际水平，确定适宜的氮肥施用量和合理施肥时期是当前减少氮素损失的重点和核心。Hocking等（2001）研究指出，当氮肥用量为25~150kg/hm²时，油菜的氮肥农学效率及表观利用率分别平均为11.8kg/kg和48.5%。屈佳伟等（2016）研究表明，在适量施氮条件下，相较于氮低效品种玉米，氮高效品种玉米表现出较高的氮素吸收效率，不同基因型品种的氮素利用效率存在较大差异。

4.1.2.3 氮肥对植物光合特性的影响

施氮肥在一定程度上能提高小麦旗叶的光合速率。刘锁云等（2012）研究表明，适宜的施氮量能够提高燕麦叶片光合机构活性，使得净光合速率（Pn）的提高幅度大于蒸腾速率（Tr）。杨鲤糠等（2020）研究表明，在小麦的整个生育期中随着施氮量的减少，小麦旗叶的 Pn、Tr、气孔导度（Gs）呈现先增后减的变化趋势，而胞间 CO_2 浓度（Ci）呈现先减后增的变化趋势。当施氮量达到 $275kg/hm^2$ 时，'新春 31 号'光合速率最佳，施氮量达到 $225kg/hm^2$ 时，'新春 6 号'光合速率的表现为最佳，不同小麦品种其最佳施氮量有所差异。王志龙等（2021）研究表明，施氮量对'云大麦 12 号'的 Pn、Gs、Ci、Tr 4 个光合参数含量没有显著影响。

4.1.2.4 氮肥对植物荧光特性的影响

植物叶片中叶绿素含量的高低直接影响叶片的光合效率。叶绿素是光合作用中捕获光的主要成分，也是影响光合作用的重要因素，而氮素是叶绿素光反应和暗反应酶类的重要组分。叶绿素荧光参数能够真实反映植物内在的生理状态，以弥补气体交换参数的不足，其与施氮水平密切相关，施肥主要通过减小非光化学反应比例提高光能利用率。增施氮肥有利于植物对氮素的吸收与积累，促进叶绿素的合成，使植物光合作用增强；与此同时，氮素供应不足也会导致植物光合能力下降。一定范围内增施氮肥可以提高作物光化学效应（PSⅡ）的活性，有利于作物提高光合能力，超过一定范围随着氮肥增施 PSⅡ 的活性会下降。蔡剑等（2007）研究表明，在 0~225kg/hm 施氮量范围内，两个大麦品种叶片叶绿素相对含量（SPAD）、Pn、最大光化学效率（Fv/Fm）、实际光化学效率（ΦPSⅡ）均随着施氮量的增加而增加，施氮量再增加，上述参数又呈下降趋势。德木其格等（2020）研究表明，随着施氮水平的提高，大麦叶片中叶绿素（Chl）含量、Fv/Fm、光化学猝灭系数（qP）均逐渐升高，可促进大麦灌浆期间叶片光合性能。武悦萱等（2020）研究表明，不同大麦品种对光的耐受程度有所差异。

4.1.2.5 氮肥对植物氮代谢的影响

氮代谢在植物的生命活动中起至关重要的作用，直接影响作物的发育。在氮素同化过程中，硝酸还原酶（NR）、谷氨酰胺合成酶（GS）、谷氨酸合成酶（GOGAT）、谷氨酸草酰乙酸转氨酶（GOT）和谷氨酸丙酮酸转氨酶（GPT）酶活性影响植物氮代谢过程，同时对作物的产量也有影响。NR 是氮代谢过程中的关键酶，其活性和氮同化能力相关。在植物体氮代谢同化过程中，GS、GOGAT 循环途径是植物体内 NH_4^+ 同化的主要途径。王小纯等（2015）研究表明，随着施氮水平的提高，两个氮效率不同的小麦品种 GS 活性等关键氮代谢指标均随施氮水平的增加而提高；李文龙等（2018）研究玉米不同氮效率品种的氮代谢作用机理，发现玉米低氮高效品种氮相关酶的活性强，能够促进植物对氮素的吸收利用、同化，叶绿素的合成以及相关酶系的合成也有氮的参与，发现 NR、NiR、GS 和 GOGAT 氮代谢关键酶活性越高，氮素同化的能力就越强。氮效率不同的作物品种之间在施氮处理下氮代谢酶活性差异明显。随着施氮量的增加，不同饲用燕麦叶片的 GS、GOGAT、NR 活性、SP 含量活性增强，GOT 与 GPT 活性随着施氮量的增加呈增加或先增加后减少的变化趋势。

4.1.3 研究目的及意义

氮是限制燕麦产量的最重要营养元素，能够保证燕麦生长发育。氮肥对沙地生境下饲用燕麦叶片衰老的延缓、功能叶作用时间效率与产量的提高及品质的改善作用效果明显，不合理施用及过量施用氮肥同样会造成燕麦生长受阻，氮肥利用效率低。供氮量的变化对光合过程中氮的分配有着重要的影响，氮代谢是植物发育的基本代谢途径，直接影响植物的产量与品质。因此，本研究以不施氮肥为对照，分析追施氮肥对不同饲用燕麦品种农艺性状、氮吸收利用、光合参数、叶绿素含量和荧光参数的影响以及不同氮效率品种氮代谢相关酶对氮的响应，探究不同燕麦品种在不同氮肥施用量处理下其产量与光合特性、荧光特性及氮代谢之间的关系，以期了解不同饲用燕麦品种产量特性、光合、荧光特性的氮调控机制，为科尔沁沙地饲用燕麦氮肥营养管理、燕麦高产、高效品种的选育及高产栽培提供理论依据。

4.2 材料与方法

4.2.1 试验地概况

试验地位于内蒙古通辽市内蒙古民族大学科技示范园区（N43°30′，E122°27′），属于温带大陆性气候。土壤以沙土为主，土壤有机质含量 4.79g/kg，全氮含量 1.87g/kg，碱解氮含量 11.24mg/kg，速效钾含量 95.12mg/kg，有效磷含量 10.59mg/kg。年平均气温 0~6℃，≥10℃积温 3 000~3 200℃，无霜期 140~150d，平均年降水量 340~400mm，蒸发量是降水量的 5 倍左右，平均风速 3.0~4.5m/s。

4.2.2 试验材料

供试饲用燕麦品种为'燕王''牧王''甜燕 1 号'和'牧乐思'，'燕王''牧王'和'牧乐思'来源于北京正道生态科技有限公司，'甜燕 1 号'来源于北京佰青源畜牧科技发展有限公司，原产地均为加拿大（表4-1）。

表4-1 饲用燕麦品种及来源

编号	品种	来源	原产地
1	燕王	北京正道生态科技有限公司	加拿大
2	牧王	北京正道生态科技有限公司	加拿大

（续表）

编号	品种	来源	原产地
3	甜燕 1 号	北京佰青源畜牧科技有限公司	加拿大
4	牧乐思	北京正道生态科技有限公司	加拿大

4.2.3　试验设计

试验采用随机区组设计，2019 年 4 月 12 日采用条播方式在内蒙古民族大学农业科技园区种植'燕王''牧王''甜燕 1 号''牧乐思'4 个饲用燕麦品种，播种时施用过磷酸钙和硫酸钾肥各 150kg/hm²，于燕麦的分蘖期、拔节期、抽穗期、开花期按照 15%、40%、25%、20% 的比例追施氮肥 0kg/hm²、100kg/hm²、200kg/hm²、300kg/hm²。氮肥（纯氮）分别用 N_0、N_{100}、N_{200}、N_{300} 表示，共 16 个处理，小区面积 4m×5m = 20m²，每处理设 3 个重复，共 48 个小区，四周设保护行。播种行距 15cm，播种量 150kg/hm²，播种深度 3cm，氮肥、磷肥、钾肥分别为尿素（N 46%）、过磷酸钙（P_2O_5 44.6%）、氧化钾（K_2O 50%），灌溉方式为喷灌。灌浆期测定燕麦旗叶、倒二叶、倒三叶的叶面积，叶绿素 a、叶绿素 b、类胡萝卜素含量，倒二叶的光合参数、荧光参数及氮代谢相关酶的活性；于灌浆期测产量及茎秆、叶片、穗干物质含量，取烘干样品测定氮含量；成熟期测定产量。

4.2.4　测定项目及方法

4.2.4.1　农艺性状

于灌浆期每个小区选择 10 株植株采用长宽系数法测定叶面积，折算系数为 0.75；于成熟期每小区选定 1m² 测产，每小区重复 3 次。每小区随机取 1kg 鲜草，于 105℃烘箱内杀青 30min，之后 75℃烘干至恒重，称重后记录每部分生物量后计算鲜干比和茎叶比，根据鲜草产量计算干草产量。

4.2.4.2　干物质及氮素利用指标

样品采集：于灌浆期选择长势一致的 15 株植株，将地上部分为叶片、茎秆及穗，并带回试验室，将各部分用蒸馏水洗净后，于 105℃烘箱内杀青 30min，之后 75℃烘干至恒重，称重后记录每部分生物量，折算每公顷干物质积累量，对样品进行粉碎过筛备用。

植株氮含量的测定：将各部分植株样品烘干粉碎后，准确称取 0.05g 置于消煮管中，采用 $H_2SO_4 - H_2O_2$ 法于 260 ~ 270℃高温消煮，定容后用流动分析仪（BRAN + LUEBBE 公司，德国）测定消煮液中的氮含量，计算植株各组织氮浓度。

植株氮积累量根据以下公式计算：

叶片氮积累量（kg/hm²）= ［叶片氮浓度（mg/g）×叶片生物量（kg/hm²）］ /1 000

茎秆氮积累量（kg/hm²）= ［茎秆氮浓度（mg/g）×茎秆生物量（kg/hm²）］ /1 000

穗氮积累量（kg/hm²）= ［穗氮浓度（mg/g）×穗生物量（kg/hm²）］/1 000

植株氮积累量（kg/hm²）=叶片氮积累量（kg/hm²）+茎秆氮积累量（kg/hm²）+穗氮积累量（kg/hm²）

氮肥表观回收率（nitrogen recovery efficiency，NRE）=（施氮区地上部氮积累量-无氮区地上部氮积累量）/施氮量

氮干物质生产效率（nitrogen dry matter production efficiency，NDMPE）=植株干物质积累量/植株氮积累量

干物质生产效率（dry matter production efficiency，DMPE）=植株干物质积累量/施氮量

氮肥利用率（nitrogen use efficiency，NUE）=（施氮区氮积累量-不施氮区氮积累量）/施氮量×100%

4.2.4.3 光合特性指标

每小区随机选取 5 株，选择晴朗无风天气于 9：00—11：00，采用 LI-6400 便携式光合仪（LI-COR Inc，美国）测定燕麦倒二叶的 P_n、T_r 及 C_i。

叶绿体色素含量的测定：采用 96% 的乙醇提取法测定。在灌浆期，每个小区选取生长发育态势大致相同的植物 5 株，取新鲜完整的旗叶、倒二叶、倒三叶，并在去除主叶脉后将其剪碎，称取剪碎的鲜样品 1g 于离心管中，加入 10mL 96% 的乙醇，放置黑暗处储藏 24h，其间摇晃 3~4 次。在波长 470nm、649nm、665nm 处用分光光度计测定其吸光度，然后根据公式计算其叶绿体色素含量。

荧光参数测定：在灌浆期选择晴朗无风天气于 9：00—11：00，采用 LI-6400 便携式荧光仪（LI-COR Inc，美国）测定其倒二叶叶片的荧光参数。每小区随机选取 3 株发育良好、完全展开的健康分枝，在同一叶片相同部位进行 30min 的叶片暗处理，测定叶片初始荧光（F_o）、最大荧光（F_m），叶片在充分光照下适应 30min，打开荧光仪内源光化光，3min 后测定稳态荧光（F_s）、光下最大荧光（F_m'）、光下最小荧光（F_o'）。计算 PSⅡ 潜在下 F_v/F_m、$\Phi PSⅡ$、qP、非光化学猝灭系数（nonphoto-chemical quenching，NPQ）。

4.2.4.4 氮代谢相关酶指标

GOGAT 活性参照赵鹏（2010）的方法测定；GS 活性参考金正勋（2007）的测定方法；NR 活性采用活体法测定；GOT 和 GPT 活性参照吴良欢（1998）的方法测定。

4.2.4.5 数据分析

采用 Excel 2003 进行数据处理，用 DPS 15.10 进行双因素方差分析。

4.3 结果与分析

4.3.1 追施氮肥对不同品种饲用燕麦产量的影响

4.3.1.1 追施氮肥对不同品种饲用燕麦鲜草产量的影响

由表 4-2 可知，追施氮肥均显著增加不同品种饲用燕麦的鲜草产量（$P<0.05$），随着施氮量的增加'燕王'与'牧王'的鲜草产量呈现先升高后降低的变化趋势，在 N_{200} 处理产量最高，且显著高于其他施氮水平处理（$P<0.05$）；'甜燕 1 号'与'牧乐思'则呈现持续增加的变化趋势，N_{300} 处理鲜草产量最高，亦显著高于其他施氮水平处

理（$P<0.05$）。在 N_0 与 N_{200} 处理，'燕王'与'牧王'鲜草产量显著高于'甜燕1号'和'牧乐思'（$P<0.05$）。由此说明，'燕王'和'牧王'适宜施氮量为 $200kg/hm^2$。

表 4-2　不同品种饲用燕麦鲜草产量在不同施氮量下的变化　　　单位：kg/hm^2

施氮水平	饲用燕麦品种			
	燕王	牧王	甜燕1号	牧乐思
N_0	14 036.57±161.01dB	16 391.51±96.59dA	12 309.48±248.14dC	9 523.65±315.39dD
N_{100}	44 124.34±192.81cA	29 842.99±278.48cC	35 346.39±127.41cB	23 999.78±253.15cD
N_{200}	53 719.52±120.81aA	44 078.48±63.52aB	37 410.43±128.39bC	35 379.37±229.04bD
N_{300}	45 401.14±192.19bB	40 152.94±184.62bC	45 331.24±368.64aB	49 459.91±232.09aA

注：小写字母表示在 0.05 水平下相同品种不同处理差异显著；大写字母表示在 0.05 水平下相同处理不同品种差异显著。下同。

4.3.1.2　追施氮肥对不同品种饲用燕麦干草产量的影响

由表 4-3 可知，追施氮肥均显著增加不同品种饲用燕麦的干草产量（$P<0.05$），随着施氮量的增加'燕王'与'牧王'干草产量呈现先升高后降低的变化趋势，N_{200} 处理产量最高，且显著高于其他施氮水平处理（$P<0.05$）；'甜燕1号'与'牧乐思'则呈现持续增加的变化趋势，N_{300} 处理产量最高，也显著高于其他施氮水平处理（$P<0.05$）。N_0 和 N_{200} 处理，牧王的产量显著高于'燕王''甜燕1号'和'牧乐思'（$P<0.05$），且各品种间差异性显著（$P<0.05$）。

表 4-3　不同品种饲用燕麦干草产量在不同施氮量下的变化　　　单位：kg

施氮水平	饲用燕麦品种			
	燕王	牧王	甜燕1号	牧乐思
N_0	4 351.34±49.91dB	5 245.28±30.91dA	4 062.13±81.89dC	2 857.10±94.62dD
N_{100}	9 707.35±42.42cA	7 759.18±72.40cC	9 543.52±34.40cB	6 239.94±65.82cD
N_{200}	11 281.10±25.37aB	11 460.41±16.51aA	9 726.71±33.38bC	8 844.84±57.26bD
N_{300}	10 442.26±44.20bD	10 841.29±49.85bC	11 786.12±95.85aB	12 364.98±58.02aA

4.3.1.3　追施氮肥对不同品种饲用燕麦干鲜比的影响

由表 4-4 可知，品种'燕王'与'牧王'干鲜比随着施氮量的增加呈现先降低后升高的变化趋势，'甜燕1号'和'牧乐思'则呈现逐渐降低的变化趋势，N_0 处理的'燕王'干鲜比显著高于其他施氮水平处理（$P<0.05$），'牧王'与'牧乐思'在各施氮处理下无显著差异（$P>0.05$），'甜燕1号'在各施氮处理下差异不显著（$P>0.05$）；各饲用燕麦品种在不同施氮水平处理下干鲜比无显著差异（$P>0.05$）。

表 4-4　不同品种饲用燕麦干鲜比在不同施氮量下的变化

施氮水平	饲用燕麦品种			
	燕王	牧王	甜燕 1 号	牧乐思
N_0	0.31±0.04aA	0.32±0.03aA	0.33±0.04aA	0.30±0.05aA
N_{100}	0.22±0.01bA	0.26±0.02aA	0.28±0.03abA	0.26±0.04aA
N_{200}	0.20±0.01bA	0.26±0.04aA	0.26±0.04abA	0.25±0.02aA
N_{300}	0.23±0.01bA	0.27±0.02aA	0.25±0.02aA	0.24±0.02aA

4.3.1.4　追施氮肥对不同品种饲用燕麦茎叶比的影响

由表 4-5 可知，随着施氮量的增加，不同品种饲用燕麦茎叶比呈现先升高后降低的变化趋势，N_{200} 处理各燕麦品种茎叶比最大，最大值为 2.00；'燕王'与'牧王'N_0 处理的茎叶比显著低于其他水平处理（$P<0.05$）；'甜燕 1 号'各处理间茎叶比无显著差异（$P>0.05$）；'牧乐思'在 N_{200} 处理下显著高于 N_0 处理（$P<0.05$）。N_0 处理的'甜燕 1 号'茎叶比显著高于'燕王'与'牧王'（$P<0.05$），但与'牧乐思'差异不显著（$P>0.05$）；除对照外，各饲用燕麦品种在各个施氮水平下无显著差异（$P>0.05$）。

表 4-5　不同品种饲用燕麦茎叶比在不同施氮量下的变化

施氮水平	饲用燕麦品种			
	燕王	牧王	甜燕 1 号	牧乐思
N_0	1.56±0.08bB	1.56±0.08bB	1.82±0.16aA	1.67±0.16bAB
N_{100}	2.04±0.14aA	1.88±0.06aA	1.93±0.11aA	1.86±0.17abA
N_{200}	2.00±0.03aA	1.93±0.05aA	1.99±0.08aA	1.94±0.07aA
N_{300}	1.89±0.16aA	1.91±0.07aA	1.99±0.12aA	1.87±0.15abA

4.3.1.5　施氮量对不同品种饲用燕麦不同部位叶片叶面积的影响

由表 4-6 可知，追施氮肥均显著促进了不同饲用燕麦品种叶片的生长。'燕王'和'牧乐思'叶面积随着施氮量的增加呈先升高后降低的变化趋势，且均在 N_{200} 处理下叶面积最大；'燕王'旗叶叶面积最大为 45.52cm^2，倒二叶叶面积最大为 46.41cm^2，倒三叶叶面积最大为 38.11cm^2；'牧王'旗叶叶面积最大为 70.60cm^2，倒二叶叶面积最大为 68.31cm^2，倒三叶叶面积最大为 52.00cm^2；其中'燕王'旗叶、倒二叶、倒三叶和'牧王'倒二叶的叶面积均为 N_{200} 处理显著高于其他施氮处理（$P<0.05$），牧王的旗叶和倒三叶的叶面积则是 N_{200} 与 N_{300} 处理差异不显著（$P>0.05$），但显著高于 N_0 和 N_{100} 处理（$P<0.05$）。'甜燕 1 号'和'牧乐思'叶片面积则随着施氮量的增加呈增加的趋势。N_{200} 和 N_{300} 处理，只有'甜燕 1 号'的倒二叶和'牧乐思'的旗叶叶面积差异显著（$P<0.05$）；'甜燕 1 号'的旗叶叶面积最大为 40.78cm^2，倒二叶叶面积最大为

48.72cm^2，倒三叶叶面积最大为39.65cm^2，'牧乐思'的旗叶叶面积最大为43.46cm^2，倒二叶叶面积最大为40.91cm^2，倒三叶叶面积最大为34.14cm^2；由此说明不同品种饲用燕麦对氮肥的响应存在明显的差异。

表4-6 不同品种饲用燕麦不同部位叶片叶面积在不同施氮量下的变化　　单位：cm^2

叶片部位	施氮水平	饲用燕麦品种			
		燕王	牧王	甜燕1号	牧乐思
旗叶	N_0	20.05±1.35cB	45.26±2.31cA	21.97±3.4cB	14.81±1.98cC
	N_{100}	34.48±2.96bB	48.67±1.38bA	32.49±2.12bB	33.92±2.32bB
	N_{200}	45.52±1.85aB	70.60±1.92aA	38.77±3.95aC	35.66±2.42bD
	N_{300}	34.58±2.94bC	70.27±3.10aA	40.78±3.10aB	43.46±2.05aB
倒二叶	N_0	19.12±2.81cC	41.78±1.84dA	28.66±2.10dB	14.59±2.13cD
	N_{100}	37.61±2.92bB	46.92±2.33cA	34.90±2.58cBC	34.19±3.52bC
	N_{200}	46.41±1.78aB	68.31±3.44aA	44.34±3.50bB	39.47±2.21aC
	N_{300}	37.32±2.82bD	63.68±3.19bA	48.72±1.86aB	40.91±2.88aC
倒三叶	N_0	15.80±2.61dC	29.37±1.15cA	18.95±1.98cB	9.62±1.61cD
	N_{100}	32.72±2.64bB	37.00±2.55bA	29.45±1.94bC	23.00±2.86bD
	N_{200}	38.11±2.64aB	52.00±2.77aA	38.96±3.08aB	33.30±2.68aC
	N_{300}	30.11±1.53cD	49.86±1.90aA	39.65±2.96aB	34.14±2.19aC

4.3.1.6 产量、品质及叶面积的相关性分析

由表4-7可知，燕麦干草产量与鲜草产量、茎叶比、叶面积呈极显著正相关（$P<0.01$），与干鲜比呈极显著负相关（$P<0.01$），燕麦鲜草产量与干鲜比呈极显著负相关（$P<0.01$），与茎叶比呈极显著正相关（$P<0.01$）；燕麦干鲜比与茎叶比呈极显著负相关（$P<0.01$）。

表4-7 产量与品质及叶面积的相关性分析

指标	干草产量	鲜草产量	干鲜比	茎叶比	旗叶叶面积	倒二叶叶面积	倒三叶叶面积
干草产量	1						
鲜草产量	0.97**	1					
干鲜比	-0.77**	-0.87**	1				
茎叶比	0.77**	0.80**	-0.79**	1			
旗叶叶面积	0.65**	0.57*	-0.33	0.38	1		
倒二叶叶面积	0.73**	0.65**	-0.39	0.53*	0.97**	1	
倒三叶叶面积	0.83**	0.76**	-0.51*	0.63**	0.93**	0.98**	1

注：** 表示在0.01水平上显著相关；* 表示在0.05水平上显著相关。

4.3.2　追施氮肥对不同品种饲用燕麦干物质积累及氮素吸收利用的影响

4.3.2.1　追施氮肥对不同品种饲用燕麦干物质积累的影响

由表4-8可知，'燕王'和'牧王'的茎秆、叶片、穗及全株干物质积累量均为 N_{200} 处理最高，且显著高于其他氮肥处理（除'牧王' N_{300} 处理的叶干物质积累量）（$P<0.05$）；'甜燕1号''牧乐思'的茎秆、叶片、穗及全株干物质积累量则均以 N_{300} 处理最高，且均显著高于其他氮肥处理（$P<0.05$）；在 N_{200} 处理下，'牧王'的茎秆、叶片、穗、全株干物质含量均显著'甜燕1号''牧乐思'（$P<0.05$），且'牧王'的叶片、全株的干物质积累量显著高于'燕王'；在 N_{300} 处理下，'牧乐思'的茎秆、叶片、全株及'甜燕1号'的穗干物质积累量最高，且显著高于其他饲用燕麦品种（$P<0.05$）。由此说明，不同品种饲用燕麦的适宜氮肥用量存在明显的差异，'燕王'和'牧王'适宜氮肥用量为 200kg/hm²。

表4-8　追施氮肥对不同品种饲用燕麦干物质重量的影响　　单位：kg/hm²

部位	氮肥水平	饲用燕麦品种			
		燕王	牧王	甜燕1号	牧乐思
茎秆	N_0	1 777.61±44.33dB	1 951.18±60.81dA	1 801.54±52.61dB	1 254.53±70.49dC
	N_{100}	4 450.98±49.64cA	3 414.53±37.60cB	4 442.38±45.87cA	2 940.82±47.45cC
	N_{200}	5 266.63±61.60aA	5 345.73±35.23aA	4 677.49±32.93bB	4 141.37±27.78bC
	N_{300}	4 726.95±75.48bD	4 932.42±36.29bC	5 506.82±72.68aB	5 919.06±23.50aA
叶片	N_0	1 139.23±27.65dB	1 178.55±29.26dA	998.57±73.61cC	751.23±28.82dD
	N_{100}	2 178.49±26.16cB	2 213.88±50.24cC	2 307.10±38.07bA	1 487.52±39.91cD
	N_{200}	2 628.73±35.84aB	2 765.66±36.06aA	2 352.11±79.64bC	2 134.48±93.89bD
	N_{300}	2 515.81±52.60bC	2 611.23±19.47bC	2 767.27±59.14aB	3 181.21±18.87aA
穗	N_0	1 434.49±40.64dB	1 515.55±32.47cA	1 262.01±56.50cC	851.33±35.70dD
	N_{100}	3 077.89±42.28cA	2 530.77±51.08bC	2 794.05±26.98bB	1 811.60±55.87cD
	N_{200}	3 385.74±78.98aA	3 349.02±14.56aA	2 697.11±65.44bB	2 568.99±75.28bC
	N_{300}	3 199.51±51.35bB	3 297.64±87.24aB	3 512.03±15.65aA	3 264.71±17.03aB
全株	N_0	4 351.34±49.91dB	4 645.28±30.91dA	4 062.13±81.89dC	2 857.10±94.62dD
	N_{100}	9 707.35±42.42cA	8 157.18±72.40cC	9 543.52±34.40cB	6 239.94±65.82cD
	N_{200}	11 281.10±25.37aB	11 460.41±16.51aA	9 726.71±33.38bC	8 844.84±57.26bD
	N_{300}	10 442.26±44.20bD	10 841.29±49.85bC	11 786.12±95.85aB	12 364.98±58.02aA

4.3.2.2　追施氮肥对不同品种饲用燕麦氮含量的影响

如表4-9所示，随着施氮量的增加，饲用燕麦茎秆、叶片、穗及全株的氮含量呈先升高后降低的变化趋势，在 N_{200} 处理下氮含量最高；其中茎秆的氮含量均为 N_{200} 处理显著高于其他施氮量处理（$P<0.05$）（除'牧乐思'的 N_{300} 处理）；叶片的氮含量则是'燕王'的施氮肥处理之间差异不显著（$P>0.05$），但显著高于 N_0 处理（$P<0.05$），'牧王'的 N_{200} 和 N_{100} 处理之间差异不显著（$P>0.05$），但显著高于 N_0 和 N_{300} 处理（$P<0.05$），'甜燕 1 号'的 N_{200} 处理显著高于其他处理（$P<0.05$）；穗的氮含量表明，'燕王''牧乐思'燕麦穗的氮含量均为 N_{200} 处理显著高于其他施氮肥处理（$P<0.05$）；4 个饲用燕麦品种全株氮含量只有'牧王'的 N_{200} 与 N_{300} 处理差异不显著，其他处理均差异显著（$P<0.05$）。由此说明科尔沁沙地生境下饲用燕麦在 N_{200} 处理下吸收氮能力最强。

从不同品种饲用燕麦来看，'牧乐思'茎秆的氮含量较高，且在 N_0、N_{100}、N_{300} 处理下均较其他饲用燕麦品种差异显著（$P<0.05$），在 N_{200} 处理下亦与'燕王'差异显著（$P<0.05$）；叶片的氮含量则是'燕王'含量较高，且在 N_0 和 N_{300} 处理下显著高于其他饲用燕麦品种（$P<0.05$），在 N_{100} 和 N_{200} 处理下也显著高于'甜燕 1 号'和'牧乐思'饲用燕麦（$P<0.05$）。穗的氮含量则是'甜燕 1 号'和'燕王'较高；N_{100} 处理'燕王'全株氮含量显著高于其他饲用燕麦品种，N_{200} 和 N_{300} 处理则是'牧王'显著高于其他饲用燕麦品种，由此说明'牧王'和'燕王'吸收氮的能力强于'甜燕 1 号'和'牧乐思'。

表 4-9　追施氮肥对不同品种饲用燕麦氮含量的影响　　　　　　单位：%

部位	氮肥水平	饲用燕麦品种			
		燕王	牧王	甜燕 1 号	牧乐思
茎秆	N_0	0.59±0.08bB	0.47±0.08dB	0.65±0.01cB	0.90±0.11cA
	N_{100}	0.67±0.10abB	0.73±0.06cB	0.74±0.19cB	1.28±0.13bA
	N_{200}	0.81±0.04aB	1.44±0.07aA	1.63±0.08aA	1.54±0.04aA
	N_{300}	0.61±0.12bC	1.11±0.12bB	1.19±0.06bB	1.43±0.04abA
叶片	N_0	2.41±0.05bA	1.65±0.11cB	0.87±0.19cC	0.64±0.01bC
	N_{100}	2.75±0.19aA	2.61±0.27aA	1.18±0.10bB	0.76±0.02bB
	N_{200}	2.97±0.05aA	2.78±0.09aA	1.84±0.05aB	1.26±0.18aB
	N_{300}	2.79±0.13aA	2.28±0.04bB	1.24±0.07bC	1.05±0.02aC
穗	N_0	1.03±0.01cA	0.67±0.02cB	0.96±0.04bA	0.62±0.01cB
	N_{100}	1.21±0.09bB	0.82±0.03bD	1.38±0.02aA	1.04±0.05bC
	N_{200}	1.37±0.02aA	1.14±0.02aB	1.44±0.11aA	1.42±0.05aA
	N_{300}	1.12±0.02bcA	1.11±0.17aA	1.06±0.03bA	0.62±0.03cB

(续表)

部位	氮肥水平	饲用燕麦品种			
		燕王	牧王	甜燕 1 号	牧乐思
全株	N_0	0.93±0.01dA	0.93±0.04cA	0.89±0.01cAB	0.93±0.05bA
	N_{100}	1.27±0.02cA	1.11±0.04bB	0.94±0.03cC	0.96±0.03bC
	N_{200}	1.48±0.02aB	1.61±0.02aA	1.38±0.02aC	1.26±0.05aD
	N_{300}	1.36±0.01bB	1.54±0.02aA	1.21±0.08bC	1.01±0.06bD

4.3.2.3 追施氮肥对不同品种饲用燕麦氮积累量的影响

由表 4-10 可知，'燕王'和'牧王'茎秆、叶片、穗及全株的氮积累量均以 N_{200} 处理最高，且显著高于其他氮肥处理（$P<0.05$）（除'牧王'穗的氮积累量）；'牧乐思'茎秆、叶片及全株的氮积累量则是在 N_{300} 处理最高，且与其他氮肥处理差异显著（$P<0.05$）；穗的氮积累量均以 N_{200} 处理最高，显著高于其他处理（$P<0.05$）。'甜燕 1 号' N_{200} 处理的茎秆、叶片、穗氮积累量最高，显著高于其他处理（$P<0.05$）（除穗的 N_{300} 处理），全株氮积累量则以 N_{300} 处理最高，且显著高于其他氮肥处理（$P<0.05$）；在 N_{200} 处理下，'牧王'和'甜燕 1 号'茎秆的氮积累量显著高于'燕王'和'牧乐思'（$P<0.05$），叶片的氮积累量则是'燕王'和'牧王'显著高于'甜燕 1 号'（$P<0.05$），穗的氮积累量为'燕王'，显著高于其他饲用燕麦品种（$P<0.05$），全株的氮积累量为'牧王'显著高于其他饲用燕麦品种（$P<0.05$）；在 N_{300} 处理下，'牧乐思'茎秆的氮积累量、'燕王'叶片的氮积累量、'牧王'全株的氮积累量最高，且与其他饲用燕麦品种差异显著（$P<0.05$），'牧乐思'穗的氮积累量显著低于其他饲用燕麦品种（$P<0.05$）。

表 4-10　追施氮肥对不同品种饲用燕麦氮积累量的影响　　　　单位：kg/hm^2

部位	氮肥处理	饲用燕麦品种			
		燕王	牧王	甜燕 1 号	牧乐思
茎秆	N_0	10.44±1.52cA	9.16±1.66dA	11.78±0.75dA	11.45±0.83dA
	N_{100}	29.84±1.66bC	24.89±0.21cD	32.63±0.78cB	37.55±0.68cA
	N_{200}	46.17±1.87aC	77.02±1.13aA	76.13±0.86aA	63.97±1.09bB
	N_{300}	28.83±0.60bD	54.05±0.82bC	65.68±1.69bB	84.60±1.32aA
叶片	N_0	27.39±0.96dA	19.43±1.16dB	8.63±1.55dC	4.81±0.15dD
	N_{100}	59.83±0.72cA	57.75±1.39cA	27.28±1.76cC	11.31±0.59cD
	N_{200}	78.03±1.17aA	76.75±1.85aA	43.12±0.39aB	26.90±1.29bC
	N_{300}	70.15±0.66bA	59.42±1.27bB	34.25±1.87bC	33.58±0.84aC

（续表）

部位	氮肥处理	饲用燕麦品种			
		燕王	牧王	甜燕1号	牧乐思
穗	N_0	14.94±0.61cA	10.15±0.53cbAB	12.23±0.78bB	5.28±1.29cC
	N_{100}	37.31±2.24bA	20.65±0.60bB	38.51±2.69aA	18.78±1.35bB
	N_{200}	46.01±1.53aA	38.09±1.08aB	38.91±1.21aB	36.57±0.83aB
	N_{300}	35.93±1.36bA	36.16±1.64aA	37.09±0.78aA	20.35±2.14bB
全株	N_0	40.57±0.26dA	38.74±2.06dA	36.08±0.99dB	26.57±0.71dC
	N_{100}	123.05±2.53cA	90.54±2.63cC	89.46±2.39cB	60.02±2.16cD
	N_{200}	166.98±2.25aB	184.74±1.72aA	133.78±2.22bC	111.75±0.82bD
	N_{300}	142.42±0.61bB	166.51±1.57bA	141.25±2.05aB	124.03±1.61aC

4.3.2.4 追施氮肥对不同品种饲用燕麦氮利用率的影响

由表4-11可知，施氮处理的氮干物质生产效率（NDMPE）均低于 N_0 处理，且'甜燕1号'和'牧乐思'均高于'燕王'和'牧王'。在 N_{200} 处理，4个饲用燕麦品种的 NDMPE 均最低，其中'甜燕1号'和'牧乐思'的 NDMPE 高于'燕王'和'牧王'，但 N_{200} 处理下干物质生产效率（DMPE）、氮肥农学效率（NAE）、氮肥表观回收率（NRE）均为'燕王''牧王'高于'甜燕1号'和'牧乐思'；'甜燕1号'和'牧乐思' N_{300} 处理的 DMPE 和 NAE 高于'燕王'和'牧王'，由此说明'燕王'和'牧乐思'是低氮高效型饲用燕麦品种，'甜燕1号'和'牧乐思'则属于高氮高效型饲用燕麦品种。

表 4-11 追施氮肥对不同品种饲用燕麦氮利用效率的影响

氮利用率	氮肥水平	饲用燕麦品种			
		燕王	牧王	甜燕1号	牧乐思
氮干物质生产效率 NDMPE（kg/kg）	N_0	107.26	119.90	112.59	107.53
	N_{100}	78.89	90.98	106.68	104.00
	N_{200}	67.56	62.04	72.71	79.15
	N_{300}	73.32	65.11	83.44	99.69
干物质生产效率 DMPE（kg/kg）	N_0	—	—	—	—
	N_{100}	97.07	81.57	95.44	62.40
	N_{200}	56.41	57.30	48.63	44.22
	N_{300}	34.81	36.14	39.29	41.22

（续表）

氮利用率	氮肥水平	饲用燕麦品种			
		燕王	牧王	甜燕1号	牧乐思
氮肥农学效率 NAE（kg/kg）	N_0	—	—	—	—
	N_{100}	53.56	46.54	54.81	33.83
	N_{200}	34.65	31.08	28.32	29.94
	N_{300}	20.30	18.65	25.75	31.69
氮肥表观回收率 NRE（%）	N_0	—	—	—	—
	N_{100}	82.48	51.80	53.38	33.43
	N_{200}	63.21	70.58	48.85	42.59
	N_{300}	33.95	40.98	35.06	32.49

4.3.3 追施氮肥对不同品种饲用燕麦叶片光合特性的影响

4.3.3.1 施氮对不同品种饲用燕麦 Pn 的影响

由图 4-1 可知，'燕王''牧王''甜燕1号'Pn 均在 N_{100} 处理最高，其中'燕王'Pn 在 N_{100} 和 N_{200} 处理中差异不显著（$P>0.05$），但显著高于 N_0 处理（$P<0.05$），'牧王'和'甜燕1号'Pn 则是 N_{100} 处理显著高于其他处理（$P<0.05$）。'牧乐思'Pn 在 N_{300} 处理最高，且显著高于其他处理（$P<0.05$），由此说明，'燕王''牧王''甜燕1

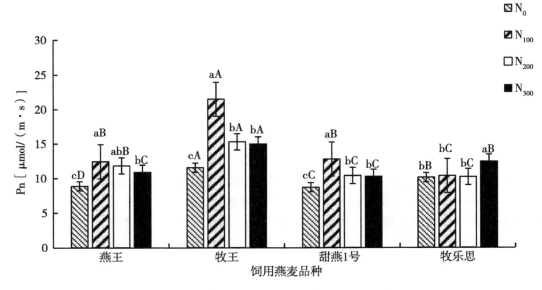

图 4-1　施氮对不同品种饲用燕麦 Pn 的影响

号'的最佳施氮量为 N_{100} 处理，'牧乐思'则为 N_{300} 处理；不同氮肥处理下，'牧王'的 Pn 均显著高于其他品种饲用燕麦。由此说明'牧王'的光合性能强于其他 3 个品种饲用燕麦。

4.3.3.2　施氮对不同品种饲用燕麦 Gs 的影响

由图 4-2 可知，随着施氮水平的增加，'燕王''牧王''牧乐思' Gs 呈先逐渐升高后降低的趋势，在施氮水平为 100kg/hm² 时达到最大，继续提高氮水平会对燕麦的正常生长起到一定的抑制作用，'甜燕 1 号'在 N_{300} 处理下 Gs 最高，显著高于其他施氮处理（$P<0.05$）；'燕王''牧王'N_{100} 处理显著高于其他氮肥处理（$P<0.05$）。由此说明氮肥在燕麦生长的正常范围内，能够在一定程度上增加叶片对光能的利用，且以施氮量为 100kg/hm² 时表现的效果最佳。不同品种燕麦间光合性能存在差异。

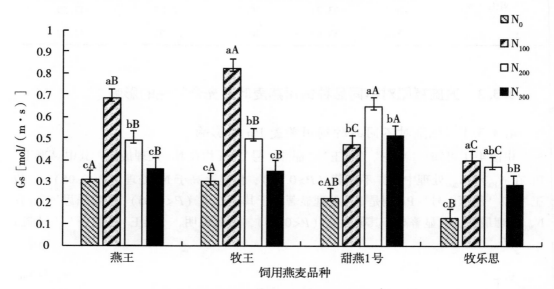

图 4-2　施氮对不同品种饲用燕麦 Gs 的影响

4.3.3.3　施氮对不同品种饲用燕麦 Ci 的影响

Ci 是衡量光合作用的重要参数之一。由图 4-3 可知，氮水平的增高会导致燕麦叶片中 Ci 逐渐降低，光合作用固定的 CO_2 量越多，则 Ci 越低，表明燕麦叶片的光合作用随着施氮量的升高不断增加，各品种在施用氮肥与对照之间存在显著差异（$P<0.05$）。'燕王''牧王''甜燕 1 号'N_{100} 处理 Ci 最低，随着氮浓度的增高 Ci 逐渐升高。'牧乐思'N_{200} 处理 Ci 最低，此时光合作用最强。结果表明，合理施用氮肥可使植物叶片中 Ci 降低，光合作用逐渐增强，氮浓度逐渐升高，光合作用减弱不利于进行光合作用。综上可知，增加追氮量有利于提高叶片对的利用率，降低其浓度，促进碳代谢。因此增加施氮量，有利于提高燕麦光合性能。

4.3.3.4　施氮对不同品种饲用燕麦 Tr 的影响

由图 4-4 可知，随着施氮量的增加，'燕王''牧王' Tr 呈先升高后降低的变化趋

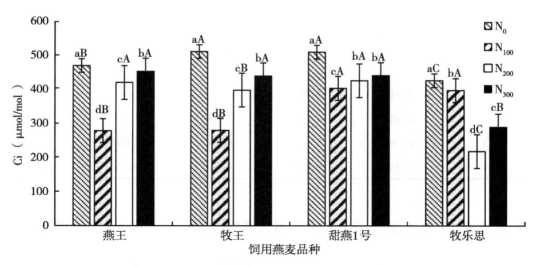

图 4-3　施氮对不同品种饲用燕麦 Ci 的影响

势，'燕王' N_{200} 处理、'牧王' N_{100} 处理 Tr 最高，且均显著高于对照和其他处理（$P<$ 0.05）。'甜燕 1 号'则随着施氮量的增加 Tr 呈增加趋势，显著高于对照（$P<0.05$），施氮处理之间差异不显著（$P>0.05$）；'牧乐思'与'燕王'和'牧王'的变化规律一致，不同氮肥处理差异不显著（$P>0.05$），但均显著高于对照（$P<0.05$）。由此说明，'燕王'的最佳施氮量为 N_{200} 处理，'牧王'和'牧乐思'则是 N_{100} 处理。

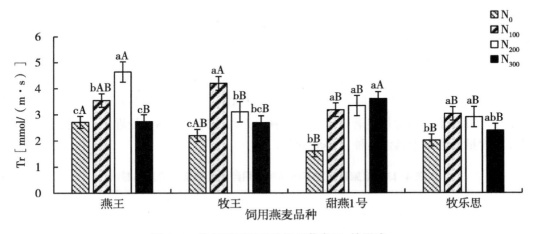

图 4-4　施氮对不同品种饲用燕麦 Tr 的影响

4.3.3.5　产量与光合参数的相关性分析

相关性分析表明，产量与 Tr 正相关（$P<0.05$），与 Ci 负相关，但不显著（$P>$ 0.05），Tr 与 Gs 呈极显著正相关（$P<0.01$）。由此说明，施肥可提高 Pn、Gs、Tr、产

量，降低 Ci，促进植物光合作用和蒸腾作用（表 4-12）。

表 4-12　产量与光合参数的相关性分析

指标	产量	Pn	Gs	Ci	Tr
产量	1.000				
Pn	0.310	1.000			
Gs	0.450	0.610**	1.000		
Ci	−0.360	−0.410	−0.440	1.000	
Tr	0.530*	0.470	0.810**	−0.370	1.000

4.3.4　追施氮肥对不同品种饲用燕麦叶绿素含量及荧光特性的影响

4.3.4.1　追施氮肥对不同品种饲用燕麦叶绿素 a 含量的影响

由表 4-13 可知，氮对饲用燕麦叶绿素 a 的含量有明显的调节作用。与不施氮相比，施氮能够提高饲用燕麦叶片叶绿素 a 的含量。随着施氮水平的提高，各品种饲用燕麦旗叶叶绿素 a 的含量呈现先升高后降低的变化趋势。各品种饲用燕麦旗叶 N_0 与 N_{100} 处理各品种间叶绿素 a 的含量差异显著（$P<0.05$）。'牧乐思'叶绿素 a 的含量显著高于其他品种（$P<0.05$）；在 N_{200} 处理下，'甜燕 1 号'叶绿素 a 的含量显著高于其他品种（$P<0.05$）；在 N_{300} 处理下，'甜燕 1 号'与'牧乐思'叶绿素 a 的含量显著高于'燕王'与'牧王'（$P<0.05$），但两品种间无显著差异（$P>0.05$）。

随着施氮水平的提高，各品种饲用燕麦倒二叶叶绿素 a 的含量呈现先升高后降低的变化趋势。在 N_{200} 处理下，各品种饲用燕麦倒二叶叶绿素 a 的含量显著高于其他施氮水平（$P<0.05$）。在 N_0 处理下，'甜燕 1 号'叶绿素 a 的含量显著高于其他品种（$P<0.05$）；在 N_{100} 处理下，'牧乐思'叶绿素 a 的含量显著高于其他品种（$P<0.05$），但'燕王'与'甜燕 1 号'之间无显著差异（$P>0.05$）；在 N_{200} 处理下，'燕王'与'甜燕 1 号'叶绿素 a 的含量显著高于其他品种（$P<0.05$）；在 N_{300} 处理下，'燕王'叶绿素 a 的含量显著高于其他品种（$P<0.05$）。

表 4-13　追施氮肥对不同品种饲用燕麦叶绿素 a 含量的影响　　单位：mg/kg

叶片部位	施氮水平	饲用燕麦品种			
		燕王	牧王	甜燕 1 号	牧乐思
旗叶	N_0	0.48±0.05dD	0.82±0.04dC	1.45±0.11dB	1.85±0.04cA
	N_{100}	1.74±0.07bC	1.13±0.03cD	1.87±0.02cB	2.01±0.05bA
	N_{200}	2.05±0.01aBC	1.99±0.05aC	2.50±0.12aA	2.10±0.08aB
	N_{300}	1.50±0.02cC	1.74±0.02bB	2.02±0.04bA	2.02±0.08bA

（续表）

叶片部位	施氮水平	饲用燕麦品种			
		燕王	牧王	甜燕1号	牧乐思
倒二叶	N₀	0.91±0.20dD	1.01±0.68dC	1.31±0.08dA	1.15±0.46cB
	N₁₀₀	1.58±0.33cB	1.36±0.18cC	1.54±0.20cB	1.67±0.10bA
	N₂₀₀	2.23±0.37aA	1.98±0.44aC	2.27±0.18aA	2.07±0.25aB
	N₃₀₀	2.13±0.17bA	1.83±0.28bB	1.64±0.40bC	1.66±0.36bC
倒三叶	N₀	0.73±0.02dB	0.63±0.03cC	0.71±0.02dB	0.97±0.04dA
	N₁₀₀	1.27±0.02cA	0.93±0.06bC	0.91±0.04cC	1.09±0.03cB
	N₂₀₀	1.39±0.03bAB	1.33±0.05aB	1.45±0.04bA	1.25±0.03bC
	N₃₀₀	1.59±0.03aB	1.38±0.05aC	1.76±0.09aA	1.59±0.06aB

各品种饲用燕麦倒三叶叶绿素 a 含量随着施氮水平的增加逐渐增加。除'牧王'外，各品种 N₃₀₀ 处理叶绿素 a 的含量显著高于其他水平处理（$P<0.05$）；'牧乐思' N₀处理叶绿素 a 的含量显著高于其他品种（$P<0.05$）；'燕王' N₁₀₀ 处理叶绿素 a 的含量最高（$P<0.05$）；'甜燕1号' N₃₀₀ 处理叶绿素 a 的含量高于其他品种（$P<0.05$）。由此可见，施肥可显著提高饲用燕麦叶片叶绿素 a 的含量。

4.3.4.2　追施氮肥对不同品种饲用燕麦叶绿素 b 含量的影响

由表4-14可知，追施氮肥可提高饲用燕麦叶绿素 b 含量，对饲用燕麦叶绿素 b 的含量有明显的调节作用。各品种饲用燕麦旗叶叶绿素 b 含量随着施氮水平的增加，'燕王''牧王''甜燕1号' 3个品种叶绿素 b 含量呈现先升高后降低的变化趋势，且氮肥处理均显著高于对照（$P<0.05$），N₂₀₀ 处理叶绿素 b 含量最高。在 N₁₀₀ 与 N₂₀₀ 处理旗叶叶绿素 b 含量各品种间差异显著（$P<0.05$）；'甜燕1号' N₂₀₀ 处理旗叶叶绿素 b 含量显著高于其他品种（$P<0.05$），'甜燕1号' 与 '牧乐思' N₃₀₀ 处理旗叶叶绿素 b 含量显著高于 '燕王' 与 '牧王'（$P<0.05$），但两品种间无显著差异（$P>0.05$）。

'牧乐思' N₃₀₀ 处理倒二叶叶绿素 b 含量显著高于其他施氮水平处理（$P<0.05$），其他3个饲用燕麦品种 N₂₀₀ 处理显著高于其他处理（$P<0.05$）。N₀ 与 N₂₀₀ 处理，'甜燕1号' 倒二叶叶绿素 b 含量显著高于其他品种（$P<0.05$）；N₁₀₀ 处理，'牧乐思' 叶绿素 b 含量显著高于其他品种（$P<0.05$）。

随着施氮水平的提高，4个品种饲用燕麦倒三叶叶绿素 b 含量呈现逐渐增加的变化趋势，叶绿素 b 含量在 N₃₀₀ 处理达到最高，并显著高于其他水平处理（$P<0.05$）。除 '甜燕1号' 外，各品种饲用燕麦在不同施氮处理下叶绿素 b 含量均显著高于对照（$P<0.05$）。'甜燕1号' 与 '牧王' N₀ 处理倒三叶叶绿素 b 含量显著高于 '燕王' 与 '牧王'（$P<0.05$），但两品种间无显著差异（$P>0.05$）；'燕王' N₁₀₀ 处理倒三叶叶绿素 b 含量显著高于其他品种（$P<0.05$），'牧王' 与 '甜燕1号' 倒三叶叶绿素 b 含量之间无显著差异（$P>0.05$）；'燕王' 与 '甜燕1号' N₂₀₀ 处理倒三叶叶绿素 b 含量显著高于'牧王'与'牧乐思'（$P<0.05$）；'甜燕 1 号'N_{300}处理倒三叶叶绿素 b 含量显著高于其他品种（$P<0.05$），'燕王'与'牧乐思'品种间倒三叶叶绿素 b 含量无显著差异（$P>0.05$）。

表 4-14　追施氮肥对不同品种饲用燕麦叶绿素 b 含量的影响　　　　单位：mg/g

叶片部位	施氮水平	饲用燕麦品种			
		燕王	牧王	甜燕 1 号	牧乐思
旗叶	N_0	0.75±0.01dC	0.48±0.02dD	0.84±0.02dB	1.13±0.03cA
	N_{100}	0.94±0.02bC	0.66±0.02cD	1.11±0.02cB	1.20±0.02bA
	N_{200}	1.02±0.03aD	1.15±0.04aC	1.61±0.01aA	1.23±0.03bB
	N_{300}	0.88±0.03cC	1.06±0.01bB	1.22±0.04bA	1.26±0.01aA
倒二叶	N_0	0.53±0.01dD	0.61±0.01dC	0.80±0.02dA	0.74±0.04dB
	N_{100}	0.96±0.01cC	0.84±0.01cD	0.99±0.01cB	1.09±0.01cA
	N_{200}	1.41±0.01aB	1.20±0.03aC	1.54±0.01aA	1.41±0.02bB
	N_{300}	1.34±0.02bB	1.16±0.01bC	1.08±0.03bD	1.48±0.02aA
倒三叶	N_0	0.43±0.01dB	0.36±0.03dC	0.56±0.02cA	0.58±0.03dA
	N_{100}	0.83±0.03cA	0.58±0.02cC	0.56±0.03cC	0.68±0.04cB
	N_{200}	0.95±0.01bA	0.85±0.02bB	0.97±0.01bA	0.82±0.03bB
	N_{300}	1.04±0.03aB	0.95±0.03aC	1.22±0.01aA	1.08±0.03aB

4.3.4.3　追施氮肥对不同品种饲用燕麦类胡萝卜素含量的影响

由表 4-15 可知，氮素对不同品种饲用燕麦类胡萝卜素的含量有明显的调节作用。除'牧王'外，随着施氮水平的增加各品种饲用燕麦旗叶类胡萝卜素含量呈现先升高后降低的变化趋势，N_{200}处理显著高于其他水平处理（$P<0.05$），而'牧王'旗叶麦类胡萝卜素含量在 N_{200} 与 N_{300} 处理间无显著性差异（$P>0.05$）。'甜燕 1 号'与'牧乐思'N_0 处理旗叶类胡萝卜素含量显著高于'燕王'与'牧王'（$P<0.05$），'燕王'和'牧王'品种间无显著性差异（$P>0.05$），'甜燕 1 号'和'牧乐思'品种间无显著差异（$P>0.05$）；'牧乐思'N_{100} 与 N_{300} 处理旗叶类胡萝卜素含量显著高于其他品种（$P<0.05$）。

'燕王'与'牧乐思'N_{200} 处理倒二叶类胡萝卜素含量显著高于其他处理（$P<0.05$）；'牧王'和'甜燕 1 号'倒二叶类胡萝卜素含量在各个施氮水平下均无显著差异（$P>0.05$）。各品种饲用燕麦 N_0 处理间倒二叶类胡萝卜素含量无显著差异（$P>0.05$）；'燕王'N_{100} 处理倒二叶类胡萝卜素含量显著高于其他品种（$P<0.05$）；'燕王'N_{200} 处理倒二叶类胡萝卜素含量显著高于'牧王'和'甜燕 1 号'（$P<0.05$），与'牧乐思'无显著性差异（$P>0.05$）；'燕王'N_{300} 处理倒二叶类胡萝卜素含量与'牧乐思'品种差异不显著（$P>0.05$），但显著高于'牧王'和'甜燕 1 号'（$P<0.05$）。

表 4-15 追施氮肥对不同品种饲用燕麦类胡萝卜素含量的影响　　　　单位：mg/g

叶片部位	施氮水平	饲用燕麦品种			
		燕王	牧王	甜燕 1 号	牧乐思
旗叶	N_0	0.93±0.03cB	0.89±0.12bB	1.15±0.03cA	1.25±0.05cA
	N_{100}	1.11±0.06bBC	0.99±0.08bC	1.15±0.04cB	1.33±0.11cA
	N_{200}	1.62±0.06aA	1.29±0.07aB	1.70±0.08aA	1.77±0.10aA
	N_{300}	1.01±0.05bcD	1.16±0.04aC	1.36±0.11bB	1.51±0.06bA
倒二叶	N_0	0.79±0.13cA	0.68±0.17aA	0.65±0.02aA	0.60±0.03cA
	N_{100}	1.02±0.01bA	0.71±0.17aB	0.77±0.19aB	0.71±0.07bcB
	N_{200}	1.40±0.12aA	0.75±0.12aB	0.78±0.01aB	1.21±0.09aA
	N_{300}	1.02±0.05bA	0.74±0.03aB	0.68±0.04aB	0.87±0.05bAB
倒三叶	N_0	0.43±0.02cAB	0.37±0.14aB	0.31±0.04cB	0.56±0.05bA
	N_{100}	0.60±0.05abAB	0.46±0.03aB	0.47±0.08bB	0.67±0.05abAB
	N_{200}	0.64±0.09aB	0.49±0.12aC	0.83±0.05aA	0.76±0.02aAB
	N_{300}	0.47±0.13bcB	0.44±0.07aB	0.70±0.03aA	0.64±0.01abA

随着施氮水平的提高，倒三叶类胡萝卜素含量呈现先升高后降低的变化趋势。'燕王'倒三叶类胡萝卜素含量在 N_{200} 处理显著高于 N_0 与 N_{300} 处理（$P<0.05$）；'牧王'倒三叶类胡萝卜素含量在各个施氮水平下均无显著差异（$P>0.05$）；'甜燕 1 号'在 N_{200} 和 N_{300} 处理倒三叶类胡萝卜素含量显著高于 N_0 和 N_{100} 处理（$P<0.05$）；'牧乐思'倒三叶类胡萝卜素的含量在 N_{200} 处理显著高于对照（$P<0.05$），但与其他处理相比差异不显著（$P>0.05$）。'牧乐思' N_0 处理倒三叶类胡萝卜素含量显著高于'牧王'与'甜燕 1 号'（$P<0.05$）；各品种 N_{100} 处理之间差异不显著（$P>0.05$）；'甜燕 1 号' N_{200} 处理倒三叶类胡萝卜素的含量显著高于'燕王'和'牧王'（$P<0.05$），但与'牧乐思'差异不显著（$P>0.05$）。'甜燕 1 号'与'牧乐思' N_{300} 处理倒三叶类胡萝卜素含量显著高于'燕王'与'牧王'（$P<0.05$）。

4.3.4.4　追施氮肥对不同品种饲用燕麦 Fv/Fm 的影响

Fv/Fm 指 PS Ⅱ 反应中心内原初光能转化效率，是表明光化学反应状况的一个重要参数。追施氮肥可提高饲用燕麦 Fv/Fm 的值。其中'燕王''牧王''甜燕 1 号'的氮肥处理均显著高于 N_0 处理（$P<0.05$），'牧乐思'则是 N_{300} 处理与 N_0 处理差异显著（$P<0.05$），'甜燕 1 号'和'牧乐思' N_0 处理 Fv/Fm 显著高于'牧王'（$P<0.05$）；不同饲用燕麦品种之间 N_{100} 和 N_{200} 处理均差异不显著（$P>0.05$）；'牧乐思' N_{300} 处理 Fv/Fm 显著高于'燕王'（$P<0.05$），但与'牧王'和'甜燕 1 号'差异不显著（$P>0.05$）（图 4-5）。

4.3.4.5　追施氮肥对不同品种饲用燕麦 ΦPSⅡ 的影响

'燕王' ΦPSⅡ N_{200} 处理显著高于 N_{300} 和 N_0 处理（$P<0.05$）；'牧王' ΦPSⅡ 不同处

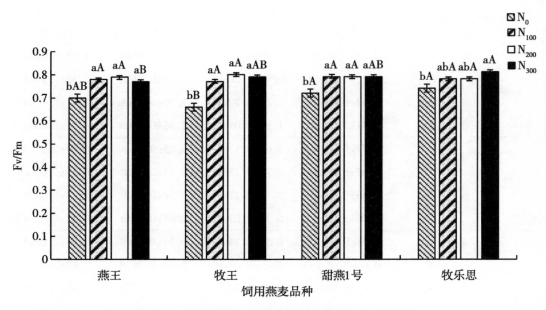

图 4-5　追施氮肥对不同品种饲用燕麦 Fv/Fm 的影响

理之间差异不显著（$P>0.05$）；'甜燕 1 号' $\Phi PS\,II$ 则是在 N_{100} 和 N_{200} 处理显著高于 N_0 处理（$P<0.05$）；在 N_0、N_{100} 和 N_{200} 处理，'燕王' $\Phi PS\,II$ 显著高于其他饲用燕麦品种（$P<0.05$）；'燕王' N_{300} 处理 $\Phi PS\,II$ 显著高于'甜燕 1 号'和'牧乐思'（$P<0.05$），但与'牧王'差异不显著（$P>0.05$）（图 4-6）。

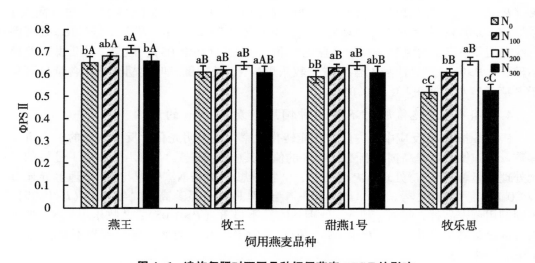

图 4-6　追施氮肥对不同品种饲用燕麦 $\Phi PS\,II$ 的影响

4.3.4.6 追施氮肥对不同品种饲用燕麦 qP 的影响

'燕王'各处理的 qP 无显著差异（$P>0.05$），'甜燕1号'和'牧乐思'qP 则是 N_{100} 和 N_{200} 处理显著高于 N_0 和 N_{300} 处理（$P<0.05$）。不同饲用燕麦品种之间则是 N_{100} 和 N_{200} 处理'燕王'qP 显著低于'牧王''甜燕1号''牧乐思'，N_{300} 处理'牧王'与'甜燕1号'qP 显著高于'燕王'与'牧乐思'（$P<0.05$）（图4-7）。

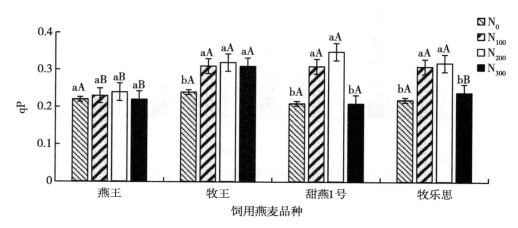

图 4-7 追施氮肥对不同品种饲用燕麦 qP 的影响

4.3.4.7 追施氮肥对不同品种饲用燕麦 NPQ 的影响

NPQ 反映植物散失热量的能力，随着施氮水平的增加，NPQ 呈先下降后升高的变化趋势，且均在 N_{200} 处理数值最低，'燕王''牧王''甜燕1号'的 N_{200} 处理均显著低于其他处理（$P<0.05$），'牧乐思'NPQ 则是 N_{200} 和 N_{300} 处理差异不显著（$P>0.05$），但显著低于 N_{100} 和 N_0 处理（$P<0.05$）；'牧王'N_0 处理 NPQ 显著低于其他品种饲用燕麦；在 N_{100} 与 N_{200} 处理，'甜燕1号'和'牧乐思'NPQ 显著高于'燕王'与'甜燕1号'（$P<0.05$）；'牧王'与'甜燕1号'N_{300} 处理 NPQ 显著高于'燕王'与'牧乐思'（$P<0.05$）（图4-8）。

4.3.4.8 产量与叶绿素含量的相关性分析

由表4-16可知，产量与旗叶叶绿素 a 含量呈显著正相关（$P<0.05$），与倒二叶叶绿素 a、倒三叶叶绿素 a、倒二叶叶绿素 b 及倒三叶叶绿素 b 含量呈极显著正相关（$P<0.01$）。旗叶叶绿素 a 含量与倒二叶叶绿素 a 和倒三叶叶绿素 a 含量呈极显著正相关（$P<0.01$）；倒二叶叶绿素 a 含量与倒三叶叶绿素 a 含量呈极显著正相关（$P<0.01$）；旗叶叶绿素 b 含量与倒二叶叶绿素 b 和倒三叶叶绿素 b 含量呈极显著正相关（$P<0.01$）；倒二叶叶绿素 b 含量与倒三叶叶绿素 b 含量呈极显著正相关（$P<0.01$）；旗叶类胡萝卜素含量与倒三叶类胡萝卜素含量呈极显著正相关（$P<0.01$）。

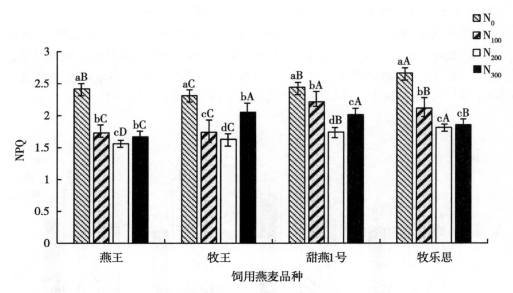

图 4-8　追施氮肥对不同品种饲用燕麦 NPQ 的影响

表 4-16　产量与叶绿体色素指标的相关性分析

指标	产量	旗叶叶绿素 a	倒二叶叶绿素 a	倒三叶叶绿素 a
产量	1.00			
旗叶叶绿素 a	0.55*	1.00		
倒二叶叶绿素 a	0.74**	0.75**	1.00	
倒三叶叶绿素 a	0.84**	0.67**	0.75**	1.00

指标	产量	旗叶叶绿素 b	倒二叶叶绿素 b	倒三叶叶绿素 b
产量	1.00			
旗叶叶绿素 b	0.44	1.00		
倒二叶叶绿素 b	0.77**	0.71**	1.00	
倒三叶叶绿素 b	0.81**	0.62**	0.80**	1.00

指标	产量	旗叶类胡萝卜素	倒二叶类胡萝卜素	倒三叶类胡萝卜素
产量	1.00			
旗叶类胡萝卜素	0.42	1.00		
倒二叶类胡萝卜素	0.45	0.47	1.00	
倒三叶类胡萝卜素	0.41	0.83**	0.38	1.00

4.3.4.9　产量与荧光参数指标的相关性分析

由表 4-17 可知，产量与 Fv/Fm 呈极显著正相关（$P<0.01$），与 NPQ 呈极显著负相关（$P<0.01$）；Fv/Fm 与 NPQ 呈极显著负相关（$P<0.01$）；ΦPSⅡ 与 NPQ 呈显著负

相关（$P<0.05$），产量与ΦPSⅡ和qP无相关性。由此说明，Fv/Fm的提高、NPQ的降低是产量增加的主要原因。

表4-17 产量与荧光参数指标的相关性分析

指标	产量	Fv/Fm	ΦPSⅡ	qP	NPQ
产量	1.00				
Fv/Fm	0.80**	1.00			
ΦPSⅡ	0.33	0.12	1.00		
qP	0.26	0.44	0.17	1.00	
NPQ	−0.81**	−0.66**	−0.59*	−0.36	1.00

4.3.5 不同氮效率饲用燕麦品种对氮代谢相关酶活性的响应

4.3.5.1 氮肥水平对饲用燕麦GOGAT活性的影响

如表4-18所示，随着施氮量的增加饲用燕麦叶片的GOGAT活性呈先升高后降低的变化趋势，且均在N_{200}处理GOGAT活性最强，显著高于N_{300}和N_0处理（$P<0.05$），'牧王'的旗叶、倒二叶、倒三叶和'甜燕1号'的旗叶GOGAT活性在N_{200}和N_{100}处理之间差异不显著（$P>0.05$），'甜燕1号'倒二叶和倒三叶的GOGAT活性则是N_{200}显著高于N_{100}处理（$P<0.05$）；由此说明，追施氮肥有利于提高GOGAT活性，但过高亦会导致GOGAT活性下降。在不同处理下，'牧王'的旗叶、倒二叶、倒三叶的GOGAT活性均显著高于'甜燕1号'（$P<0.05$），说明在相同氮水平下不同品种饲用燕麦氮同化水平存在明显差异。由叶片不同部位得知，倒二叶的GOGAT活性最强，其次是旗叶，倒三叶的GOGAT活性最弱，因此倒二叶是评价氮代谢酶的最佳叶片。

表4-18 不同施氮量下饲用燕麦GOGAT活性的变化

单位：μmol/（min·g Fw）

施氮水平	旗叶		倒二叶		倒三叶	
	牧王	甜燕1号	牧王	甜燕1号	牧王	甜燕1号
N_0	0.16±0.05bA	0.06±0.01bB	0.34±0.03cA	0.23±0.05dB	0.11±0.02bA	0.05±0.01bB
N_{100}	0.24±0.02aA	0.15±0.04aB	1.04±0.01aA	0.59±0.01bB	0.17±0.08abA	0.09±0.01bB
N_{200}	0.25±0.01aA	0.16±0.03aB	1.14±0.04aA	0.80±0.05aB	0.22±0.01aA	0.18±0.01aB
N_{300}	0.08±0.01cA	0.07±0.01bB	0.61±0.06bA	0.43±0.05cB	0.13±0.01bA	0.07±0.01bB

4.3.5.2 氮肥水平对饲用燕麦GS活性的影响

如表4-19所示，随着施氮量的增加，饲用燕麦叶片GS活性呈先升高后降低的变化趋势，其中'牧王'N_{200}处理叶片的GS活性显著高于N_0、N_{100}、N_{300}处理（$P<$

0.05)，'甜燕 1 号'旗叶的 GS 活性在不同处理之间差异不显著（$P>0.05$），倒二叶的 GS 活性则是 N_{200} 处理显著高于其他氮肥处理（$P<0.05$），倒三叶的 GS 活性则是 N_{200} 和 N_{100} 显著高于 N_0 处理（$P<0.05$），但与 N_{300} 处理差异不显著（$P>0.05$）。两个饲用燕麦品种之间则是'牧王'显著高于'甜燕 1 号'（倒三叶的 N_0 和 N_{100} 处理除外）（$P<0.05$）。不同叶片之间则是倒二叶的 GS 活性较强。

表 4-19 不同施氮量下饲用燕麦 GS 活性的变化

单位：$\mu mol/\ (min \cdot g\ Fw)$

施氮水平	旗叶		倒二叶		倒三叶	
	牧王	甜燕 1 号	牧王	甜燕 1 号	牧王	甜燕 1 号
N_0	7.51±0.26cA	6.61±0.3aB	9.09±0.16cA	7.78±0.37bB	7.39±0.09cA	7.16±0.43bA
N_{100}	9.39±0.55bA	6.72±0.65aB	9.31±0.04cA	8.44±0.23bB	8.33±0.29bcA	8.54±0.53aA
N_{200}	10.68±0.41aA	7.43±0.16aB	14.10±0.10aA	10.02±0.61aB	11.83±0.43aA	9.03±0.31aB
N_{300}	8.12±0.62cA	7.04±0.32aB	10.57±0.29bA	7.99±0.16bB	9.37±0.57bA	8.15±0.57abB

4.3.5.3 氮肥水平对饲用燕麦 NR 活性的影响

如表 4-20 所示，'牧王'叶片的 NR 活性均显著高于'甜燕 1 号'（$P<0.05$）。随着施氮量的增加饲用燕麦叶片的 NR 活性呈先升高后降低的变化趋势，均为 N_{200} 处理的 NR 活性最强，且与其他处理差异显著（'牧王'的倒二叶除外）（$P<0.05$），'牧王'不同叶片之间 NR 活性为旗叶>倒二叶>倒三叶，'甜燕 1 号'则规律性不明显。

表 4-20 不同施氮量下饲用燕麦 NR 活性的变化

单位：$\mu g\ NO_3^-/\ (h \cdot g\ Fw)$

施氮水平	旗叶		倒二叶		倒三叶	
	牧王	甜燕 1 号	牧王	甜燕 1 号	牧王	甜燕 1 号
N_0	56.63±0.35dA	16.09±0.49dB	46.35±0.59cA	30.14±0.13dB	35.91±0.74bcA	28.99±0.56cB
N_{100}	62.77±0.42bA	30.62±0.24cB	47.87±0.61bA	33.97±0.29cB	37.49±0.24bA	31.40±0.74bcB
N_{200}	75.62±0.82aA	52.44±0.24aB	55.64±0.21aA	37.33±0.40aB	59.73±0.70aA	51.86±0.46aB
N_{300}	60.46±0.75cA	37.44±0.37bB	54.95±0.92aA	35.81±0.84bB	34.97±2.93cA	33.08±0.40bB

4.3.5.4 氮肥水平对饲用燕麦 GOT 活性的影响

如表 4-21 所示，'甜燕 1 号'的旗叶、'牧王'的倒二叶 GOT 活性在不同施肥处理之间差异不显著（$P>0.05$），'牧王'的旗叶和'甜燕 1 号'的倒二叶则是 N_{200} 与 N_{100} 处理之间差异不显著（$P>0.05$），但显著高于 N_{300} 处理（$P<0.05$）；'牧王'的倒三

叶 GOT 活性为 N_{300} 处理显著高于 N_{200} 和 N_{100} 处理（$P<0.05$），'甜燕 1 号'的 N_{200} 处理与 N_{100} 和 N_{300} 处理差异不显著（$P>0.05$），但 N_{300} 处理显著高于 N_{100} 处理（$P<0.05$）。

表 4-21　不同施氮量下饲用燕麦 GOT 活性的变化　单位：$\mu mol/(h \cdot g\ Fw)$

施氮水平	旗叶		倒二叶		倒三叶	
	牧王	甜燕 1 号	牧王	甜燕 1 号	牧王	甜燕 1 号
N_0	6.89±0.32bA	5.49±0.31bB	6.56±0.04bA	6.24±0.12bA	5.13±0.13cA	5.03±0.34cA
N_{100}	7.74±0.30abA	7.30±0.52aA	8.14±0.68aA	7.78±0.73aA	5.70±0.08bA	5.45±0.18bcA
N_{200}	8.71±0.36aA	7.46±0.62aAB	8.39±0.21aA	7.94±0.31aA	5.99±0.44bA	5.92±0.19abA
N_{300}	6.99±0.22bA	6.67±0.51aA	7.64±0.40aA	6.52±0.35bB	6.69±0.46aA	6.05±0.23aB

4.3.5.5　氮肥水平对饲用燕麦 GPT 活性的影响

如表 4-22 所示，'牧王'旗叶的 GPT 活性显著高于'甜燕 1 号'（$P<0.05$），倒二叶和倒三叶则差异不显著（$P>0.05$）；随着施氮量的增加，饲用燕麦叶片的 GPT 活性呈先升高后降低的变化趋势，且均在 N_{200} 处理下 GPT 活性最强，其中'牧王'和'甜燕 1 号'倒三叶不同处理间的 GPT 活性差异显著（$P<0.05$）；'甜燕 1 号'的旗叶、倒二叶的 N_{200} 与 N_{300} 处理差异不显著（$P>0.05$），但显著高于 N_{100} 和 N_0 处理（$P<0.05$）；'牧王'旗叶的 N_{200} 与 N_{100} 处理之间差异不显著（$P>0.05$），但 N_{200} 显著高于 N_{300} 和 N_0 处理（$P<0.05$）；'牧王'倒二叶的 N_{100}、N_{200}、N_{300} 处理之间差异不显著（$P>0.05$），但显著高于 N_0 处理（$P<0.05$）。

表 4-22　不同施氮量下沙地饲用燕麦 GPT 活性的变化

单位：$\mu mol/(h \cdot g\ Fw)$

施氮水平	旗叶		倒二叶		倒三叶	
	牧王	甜燕 1 号	牧王	甜燕 1 号	牧王	甜燕 1 号
N_0	13.30±0.13bA	11.82±0.48bB	9.57±0.70bA	9.67±0.43cA	4.69±0.30dA	4.61±0.79dA
N_{100}	13.91±0.60abA	11.89±0.57bB	13.01±0.96aA	13.21±0.81bA	7.95±0.37cA	7.46±0.62cA
N_{200}	14.85±0.33aA	14.14±0.15aB	14.34±0.52aA	15.34±0.70aA	12.43±0.37aA	12.06±0.10aA
N_{300}	13.91±0.46bA	13.79±0.33aB	14.02±0.37aA	14.72±0.81abA	11.22±0.13bA	10.79±0.17bA

4.3.5.6　不同氮代谢酶的相关系分析

由表 4-23 可知，饲用燕麦干草产量与氮代谢酶活性均呈正相关关系，但仅与倒三叶 GOT 活性呈显著正相关关系（$P<0.05$），与倒二叶和倒三叶 GPT 活性达到极显著相关关系（$P<0.01$），而与旗叶、倒二叶和倒三叶中的 GOGAT、GS、NR 活性未达到差

异显著相关水平。

表4-23　燕麦干草产量与叶片不同部位氮代谢酶活性相关性分析

指标	旗叶	倒二叶	倒三叶
GOGAT	0.130	0.512	0.411
GS	0.347	0.475	0.701
NR	0.418	0.349	0.440
GOT	0.590	0.537	0.831*
GPT	0.599	0.925**	0.908**

4.4　讨论

4.4.1　施氮水平对不同品种饲用燕麦农艺性状的影响

施氮是增加燕麦产量的重要技术之一，不同氮肥量对燕麦生长有一定的促进作用。周萍萍等（2015）研究表明，在成都平原地区施肥量为600kg/hm^{2}时燕麦产量达到最大。在内蒙古农牧交错地区的燕麦氮肥研究结果表明'蒙燕1号'施150kg/hm^{2}氮肥获得较高的产量。本研究表明，追施氮肥均显著增加不同品种饲用燕麦的产量（$P<0.05$），随着施氮量的增加'燕王'与'牧王'的产量呈现先升高后降低的变化趋势，N$_{200}$处理产量最高；'甜燕1号'与'牧乐思'则呈现持续增加的变化趋势，N$_{300}$处理产量最高，本结果与王乐等（2017）研究结果一致。施用氮肥可以改变禾本科牧草的茎叶比和鲜干比，可增大同德老芒麦植株的茎叶比；本研究表明，'燕王'与'牧王'干鲜比随着施氮量的增加呈现先降低后升高的变化趋势，'甜燕1号'和'牧乐思'则呈现逐渐降低的变化趋势，'牧王'与'牧乐思'在各施氮处理下无显著差异，'甜燕1号'在各施氮处理下差异不显著（$P>0.05$），各品种饲用燕麦间在不同施氮水平处理下干鲜比无显著差异，干鲜比越低蛋白质含量越高，说明在N$_{200}$处理'燕王'与'牧王'的蛋白质含量最高，'甜燕1号'和'牧乐思'在N$_{300}$处理其蛋白质含量达到最大，施肥对燕麦的干鲜比无显著影响；此结论与赵力兴等（2019）研究结果一致。随着施氮量的增加，不同饲用燕麦品种茎叶比呈现先升高后降低的变化趋势，在N$_{200}$处理，各燕麦品种茎叶比达到最大。相关性分析表明：饲用燕麦干草产量与燕麦的鲜草产量和茎叶比呈极显著正相关，与干鲜比呈极显著负相关，鲜草产量与燕麦干鲜比呈极显著负相关，与燕麦茎叶比呈极显著正相关；燕麦的干鲜比与茎叶比呈极显著负相关。'燕王'和'牧王'适宜施氮量为200kg/hm^2。

叶片是进行光合作用的主要场所，叶面积是反映植株光合能力的重要生长指标。崔纪菡等（2013）研究表明，施氮可显著扩展燕麦单叶面积，可提高叶层实际受光面积，保持较高的叶面积指数，促进光合转化率和物质积累。焦瑞枣（2004）研究表明，增施氮肥可提高不同品种裸燕麦各生育时期的叶面积指数。本研究表明，适宜的施氮量可显著提高植株的叶面积与产量，提高植物光合性能，叶面积与产量呈极显著正相关，叶面积值越大越有利于燕麦获得更多的光能从而增加产量。这与张衍华等（2007）研究施肥对不同品种小麦光合速率及叶绿素含量的影响结果一致。叶片生长特性对氮肥施用量的响应也表明，'燕王'和'牧王'较'甜燕1号'和'牧乐思'对施氮量敏感，在 N_{200} 处理达到最大值。

4.4.2　施氮水平对不同品种饲用燕麦干物质积累及氮吸收利用的影响

干物质积累是作物产量形成的基础，氮营养是影响作物干物质形成的重要因素。高丽敏等（2020）研究表明，氮肥施用对甜高粱的生长起着重要的作用，长江下游农区饲用甜高粱种植的每茬氮肥用量以 244.50kg/hm^2 为宜。过量施用氮肥不仅不会持续提高甜高粱的生物量，还会导致氮肥利用率的降低。适宜的施氮量不仅有利于植物自身的生长发育，而且对于土壤环境的改善具有正效作用，施用的氮肥量因地而异，不同品种间亦表现不同。侯迷红等（2017）研究结果表明，甜荞麦干物质积累总量随着施氮量的增加呈先升高后降低的变化。王茂莹等（2020）研究表明，鲁中山区小麦最佳施氮量为240kg/hm^2，'泰农18号'为最适宜推广小麦品种，'汶农5号'具有较大的增产潜力。根据干物质积累量可以确定不同植物种类及品种在不同地区的适宜氮肥用量，本研究以4个品种饲用燕麦为材料，研究了氮肥对科尔沁沙地生境下饲用燕麦干物质积累的影响，结果表明，'燕王'和'牧王'适宜氮肥用量为200kg/hm^2。

适量的氮肥可以提高作物的物质生产能力，在一定程度上促进植株氮积累总量的提升。而过量施氮会导致植物根系生长受到抑制进而影响根系对养分的吸收速率并最终导致氮含量的降低。冯洋等（2014）发现，水稻在正常氮处理条件下不同生育期氮高效品种地上部氮累积量与低效品种间无显著差异，而低氮处理下，在灌浆期和成熟期，氮高效品种氮累积量高于或显著高于低效品种。本研究表明，随着施氮量的增加，植物的氮含量呈先升高后降低的变化趋势，N_{200} 处理氮含量较高，但'燕王'和'牧王'的茎秆、叶片、穗和全株氮积累量为 N_{200} 处理最高，而'甜燕1号'的全株和'牧乐思'的茎秆、叶片、穗及全株氮积累量均为 N_{300} 处理最高。因此，研究认为'燕王'和'牧王'为低氮高效型饲用燕麦品种，'甜燕1号'和'牧乐思'则为高氮高效型饲用燕麦品种。

氮肥农学效率可以用来评价氮肥的增产效果。过量的施氮使作物物质生产能力增幅变小，氮肥利用率和氮肥农学效率降低。因此，适当提高氮肥利用率，不仅是提高实际生产中产出投入比的需要，也是降低氮肥过量施用风险的需要。本研究中氮肥农学效率随施氮量的增加逐渐降低。氮肥表观回收率反映了植株氮肥吸收和氮肥施用量之间的平衡状况。本研究中，'燕王'和'牧王'的氮肥表观回收率高于'甜燕1号'和'牧乐思'，尤其在低氮（N_{100}）和中氮（N_{200}）处理下，故本研究认为施氮量应为200kg/hm^2 左右更有利于在维持土壤氮输入和输出平衡的同时降低土壤氮的残留。

4.4.3 追施氮肥对不同品种饲用燕麦叶片光合特性的影响

施氮量对植株叶片 Pn、Gs、Ci、Tr 有重要影响。张秋英等（2003）和 Giles（2005）发现，光合速率的变化趋势与氮营养的供应多少有密切关系。孙旭生等（2009）研究表明，合理施氮在一定程度上可使冬小麦旗叶叶片 Gs 得以延缓，提高旗叶对 Ci 的利用能力，提高光合性能，但过量施氮无益于小麦旗叶 Tr 的提高。施氮能够提高杂交谷子的 Pn、Tr 和 Gs。在光合作用下植物进行物质生产，较高的光合生产力是作物获得高产的物质基础。本研究表明：增施氮肥增加了饲用燕麦倒二叶 Pn、Gs、Tr，但 Ci 降低，因此施氮可提高饲用燕麦光合特性。Tr 与产量呈显著正相关，Tr 是使产量增加的原因之一，适量的施氮量有助于饲用燕麦光合产物的积累并获得高产。前人研究表明，不同冬小麦品种旗叶 Pn 出现的高峰期差异较大。本研究表明，光合因子是提高随着施氮水平的提高，不同饲用燕麦品种光合性能之间亦存在较大的差异，'燕王'和'牧王'在 N_{100} 处理下具有较强的光合性能，与董祥开等（2008）研究氮肥对燕麦冠层结构及光合特性的影响结果一致。

4.4.4 追施氮肥对不同品种饲用燕麦叶绿素含量和荧光参数的影响

叶绿素是光合作用中捕获光的主要成分，也是影响光合作用的重要因素，而氮是叶绿素光反应和暗反应酶类的重要组分。增施氮肥有利于植物对氮的吸收与积累，促进叶绿素的合成，使植物光合作用增强，与此同时氮供应不足也会导致植物光合能力下降。前人研究表明，同一品种小麦不同叶位叶片叶绿素含量呈极显著正相关。德木其格等（2020）研究表明，随着施氮水平的提高，大麦叶片中叶绿素含量逐渐升高，可促进大麦灌浆期间叶片光合性能。刘瑞显等（2008）研究表明，与对照相比，施氮提高了棉花叶片叶绿素 a、叶绿素 b 及类胡萝卜素的含量。试验结果表明，通过对不同品种饲用燕麦叶片叶绿素含量的分析，可以看出在施肥用量确定时，每公顷施 200kg 氮肥可以使其具有较高的光合效率，与不施肥相比，适当施肥可以增大植物旗叶、倒二叶、倒三叶叶绿素 a、叶绿素 b、类胡萝卜素的含量。本研究表明，N_{200} 处理与 N_0 处理相比，'燕王'和'牧王'叶片叶绿素 a、叶绿素 b 及类胡萝卜素含量增幅高于'甜燕 1 号'和'牧乐思'；产量与叶片叶绿素 a，倒二叶、倒三叶叶绿素 b 有显著性正相关关系，说明'燕王'和'牧王'能更充分利用根系吸收氮，保证地上部分叶绿素的合成，从而增加产量。

叶绿素荧光参数能够真实反映植物内在的生理状态，以弥补气体交换参数的不足，与施氮水平密切相关，施肥主要通过非光化学反应比例减小补偿于光化学反应比例，从而提高光能利用率。一定范围内增施氮肥可以提高作物 PSⅡ 的活性，有利于作物提高光合能力，超过一定范围随着氮肥增施 PSⅡ 的活性会下降。蔡剑等（2007）研究表明，在 $0 \sim 225kg/hm^2$ 施氮量范围内，两个大麦品种叶片最大光化学效率（Fv/Fm）、实际光化学效率（ΦPSⅡ）均随着施氮量的增加而增加，施氮量再增加，上述参数又呈下降趋势。武悦萱等（2020）研究表明，不同大麦品种对光的耐受能力有所差异。NPQ 是由热耗散引起的荧光猝灭，反映了植物耗散过剩光能为热的能力。试验结果表明适宜的施氮量可使不同饲用燕麦品种倒二叶叶片 Fv/Fm、ΦPSⅡ、qP 提高，但 NPQ 在 N_{200} 处理数值最低，此时散失的能量最少，说明合理施肥可以有效提高饲用燕麦的光合效率以及对光的耐受能力，促进植物生长。叶绿素荧光参数与氮含量在不同作物间存在不同程度的相关关系。作物品种增产潜力大小由遗传基因所决定，其产量取决于光合作用的光合转化率。试验结果表明，'燕王'在不同氮素水平下，ΦPSⅡ显著高于其他饲用燕麦品种，'燕王'和'牧王' N_{200} 处理的 NPQ 显著低于'甜燕1号'和'牧乐思'；产量与 Fv/Fm 和 NPQ 有显著相关性，由此说明'燕王'的光能转化率强于其他饲用燕麦品种。对氮不敏感的'甜燕1号'与'牧乐思'，其叶绿素合成受阻，光能利用率降低，过剩光能以热辐射的形式散失。适当施氮可使更多光能用于光合系统的电子传递，有助于维持光合系统和叶片光合功能的稳定性。Fv/Fm 的提高、NPQ 的降低是产量增加的主要原因。

4.4.5　追施氮肥对不同品种饲用燕麦叶片氮代谢酶活性的影响

GS-GOGAT 循环是植物体内铵态氮同化的主要途径，刘焕（2019）研究施氮水平对冬小麦旗叶 GS 活性的影响时发现，GS 活性与产量的相关系数达到显著水平；研究施肥对小麦籽实产量及叶片中 GS 和 GOGAT 活性影响的文章较多，结果表明，施氮 $240kg/hm^2$ 时，小麦旗叶的 GS、GOGAT 等关键酶活性最高，籽实产量最高，氮高效基因型小麦较高的 GS 活性可促进植株对氮的吸收与同化，提高氮利用效率；前人研究施氮对玉米叶片中氮代谢相关酶活性影响的结果表明，施氮显著提高了玉米叶片 GOGAT 和 GS 氮代谢关键酶活性，适宜的施氮水平下玉米功能叶片 GS 活性较强，GOGAT 和 GS 活性随施氮量的增加呈先上升后下降的变化。本研究与其研究结果相似，'牧王'和'甜燕1号'不同部位叶片的 GOGAT、GS 活性随着施氮量的增加均呈先升高后降低的变化趋势。NR 是氮同化的起始酶和限速酶，刘焕（2019）研究施氮水平对冬小麦旗叶 NR 活性的影响，结果表明，在开花期 NR 酶活性最强，但 NR 活性与产量的相关系数不显著。本研究与其结果相同，相关性分析也表明 NR 与燕麦干草产量相关性未达到显著水平。本研究发现'牧王'和'甜燕1号'不同部位叶片的 NR 活性随着施氮量的增加均呈先升高后降低的变化趋势，这与赵吉平（2019）和张弦（2014）等结果一致，NR 随着施氮量的增加呈单峰曲线变化规律。

关于转氨酶与施氮量的关系研究较少，赵吉平（2019）研究施氮量对小麦氮代谢关键酶活性的影响，结果表明，小麦旗叶的 GPT 活性随施氮量增加而先升后降，施氮 $240kg/hm^2$ 时 GPT 酶活性最高，小麦旗叶氮代谢关键酶活性与籽实产量呈显著相关。本研究表明，'牧王'和'甜燕1号'不同部位叶片的 GOT、GPT 活性随着施氮量的增加均呈先升高后降低的变化趋势，且在 $200kg/hm^2$ 施氮处理下酶活性最强（N_{300} 处理中倒三叶的 GOT 除外）。相关性分析表明燕麦干草产量与倒二叶和倒三叶中 GPT 活性极显著相关与倒三叶中 GOT 活性显著相关。

前人研究表明，氮高效利用玉米品种叶片中的 GS、GOGAT、NR 活性高于氮低效利用玉米品种，氮高效品种在不同的氮水平下有较高的氮代谢酶活性。在对氮高效和低

109

效型小麦的研究中表明，氮高效型小麦品种的 NR 活性和 GS 活性显著高于氮低效型品种，且受到氮供应水平的正向调控。在田间栽培条件下，氮高效型小麦品种旗叶 NR、GS 活性和籽粒 GS 活性高于氮低效型品种。本研究表明，'牧王'的 GOGAT、GS、NR、GOT、GPT 酶活性均高于'甜燕 1 号'，其中 GOGAT、GS（除 N_0 和 N_{100} 处理的倒三叶）、NR 酶活性在不同施氮量处理下均差异显著，GOT 活性只有 N_0 处理的旗叶、N_{300} 处理的倒二叶和倒三叶差异显著，GPT 活性只有不同氮肥处理的旗叶差异显著，且'牧王'品种 N_{200} 处理干草产量最高，而'甜燕 1 号'N_{300} 处理最高，结合相关性分析结果，研究认为，GOT 和 GPT 是饲用燕麦氮同化的关键酶，'牧王'的氮效率高于'甜燕 1 号'。

4.5 结论

追施氮肥可显著增加不同饲用燕麦品种鲜、干产量。'燕王'和'牧王'N_{200} 处理鲜草、干草产量达到最高，'甜燕 1 号'和'牧乐思'N_{300} 处理达到最高；燕麦干鲜比随着施氮量的增加呈现逐渐降低的变化趋势，施氮可提高饲用燕麦的品质；产量与农艺性状之间有极显著相关关系。

在科尔沁沙地生境下种植'燕王''牧王'，200kg/hm^2 施氮量下氮利用率高，饲用燕麦干物质积累量大。其中'牧王'干物质生产效率、氮表现回收率在 N_{200} 处理达到最大，其数值分别为 57.30kg/kg、70.58%；'燕王'和'牧王'是低氮高效型饲用燕麦品种，'甜燕 1 号'和'牧乐思'则属于高氮高效型饲用燕麦品种。

增施氮肥可以显著提高饲用燕麦品种蒸腾系数，提高光合速率、气孔导度，降低胞间 CO_2 浓度，促进光合作用，提高植物对光能的利用，增加植物叶片光能转化率，使叶片所吸收的光能较充分地用于光合作用。叶绿素含量、Fv/Fm 的提高，NPQ 的降低是产量增加的主要原因；低氮高效饲用燕麦品种具有更高的光合特性。

'牧王'和'甜燕 1 号'不同部位叶片的 GOGAT、GS、NR、GOT、GPT 活性在 N_{200} 处理最强（N_{300} 处理中倒三叶的 GOT 除外）；'牧王'的 GOGAT、GS、NR、GOT、GPT 活性均高于'甜燕 1 号'；GOT、GPT 活性是饲用燕麦氮同化的关键酶，低氮高效型饲用燕麦品种的同化能力强于高氮高效型饲用燕麦品种。

参考文献

白晓雷，刘艳春，生国利，等，2015. 35 份皮燕麦种质遗传多样性的 SSR 和 SRAP 分析 [J]. 内蒙古农业科技，43（4）：6-11.

鲍根生，周清平，韩志林，2008. 氮、钾不同配比施肥对燕麦产量和品质的影响 [J]. 草业科学，25（10）：48-53.

卜容燕，任涛，鲁剑巍，等，2014. 水稻-油菜轮作条件下磷肥效应研究 [J]. 中国农业科学，47（6）：1227-1234.

才让吉，王巧玲，王贵珍，等，2015. 不同播量、氮磷肥互作对高寒牧区燕麦产量和品质的影响 [J]. 中国草食动物科学，35（5）：30-33，61.

蔡剑，邹薇，陈和，等，2007. 施氮水平对啤酒大麦叶片光合 SPAD 和叶绿素荧光特性的影响 [J]. 麦类作物学报，2（1）：97-101，171.

曹慧，孙辉，杨浩，等，2003. 土壤酶活性及其对土壤质量的指示研究进展 [J]. 应用与环境生物学报，9（1）：105-109.

曹家洪，陈维，俞玮，2021. 种植密度与施氮量对玉米'顺单6号'干物质积累量及产量的影响 [J]. 中国种业，32（1）：57-60.

曹立为，郭晓双，龚振平，等，2015. 磷素营养变化对大豆磷素积累及产量和品质的影响 [J]. 大豆科学，34（3）：458-462，479.

陈新微，杨殿林，刘红梅，等，2015. 不同氮、磷添加水平对黄顶菊叶片化学计量特征的影响 [J]. 农业资源与环境学报，32（2）：185-191.

陈雨露，康娟，王家瑞，等，2019. 灌水与施磷对小麦氮素积累运转及水分利用效率的影响 [J]. 麦类作物学报，39（9）：1095-1104.

程天亮，2013. 不同刈割期对燕麦产量和品质的影响 [D]. 杨凌：西北农林科技大学.

崔纪涵，2015. 施氮对西藏主栽饲草产量、养分累积和氮利用的影响 [D]. 北京：中国农业大学.

德科加，周青平，刘文辉，等，2007. 施氮量对青藏高原燕麦产量和品质的影响 [J]. 中国草地学报，29（5）：45-50.

德木其格，刘志萍，王磊，等，2020. 氮肥对大麦灌浆期叶片光合性能的影响及其相关性分析 [J]. 作物杂志，5（1）：103-109.

丁成龙，顾洪如，白淑娟，等，1999. 不同施肥量、密度对美洲狼尾草产量的影响 [J]. 中国草地，12（5）：13-15.

董祥开，衣莹，刘恩财，等，2008. 氮素对燕麦冠层结构及光合特性的影响

［J］. 华北农学报, 17 (3): 133-137.

樊叶, 樊琳琳, 薛兵东, 等, 2021. 氮肥运筹对辽东地区玉米产量和干物质积累的影响 ［J］. 内蒙古农业大学学报 (自然科学版), 42 (2): 9-14.

冯洋, 2014. 水稻不同产量水平适宜施氮量与主推品种氮效率筛选评价的研究 ［D］. 武汉: 华中农业大学.

高丽敏, 田倩, 苏晶, 等, 2020. 施氮水平对甜高粱干物质产量及氮肥利用率的影响 ［J］. 草业学报, 29 (4): 192-198.

高素玲, 苗丰, 陈建辉, 等, 2013. 氮素水平对旱作小麦光合特性的影响 ［J］. 华北农学报, 28 (4): 169-173.

高宗宝, 王洪义, 吕晓涛, 等, 2017. 氮磷添加对呼伦贝尔草甸草原4种优势植物根系和叶片 C∶N∶P 化学计量特征的影响 ［J］. 生态学杂志, 36 (1): 80-88.

葛均筑, 李淑娅, 钟新月, 等, 2014. 施氮量与地膜覆盖对长江中游春玉米产量性能及氮肥利用效率的影响 ［J］. 作物学报, 40 (6): 1081-1092.

庚强, 2005. 高等植物内稳性和生长率机理的研究 ［D］. 兰州: 甘肃农业大学.

耿以礼, 1958. 中国主要禾本植物属种检索表 ［M］. 北京: 科学出版社.

龚建军, 2007. 播种量和氮肥水平对燕麦倒伏和产量的影响 ［D］. 兰州: 甘肃农业大学.

郭茜茜, 2010. 大豆籽粒蛋白质积累与碳代谢关系的研究 ［D］. 哈尔滨: 东北农业大学.

郭兴燕, 梁丹妮, 兰剑, 2016. 宁夏引黄灌区燕麦品种生产性能及营养价值研究 ［J］. 作物杂志, 15 (4): 105-111.

哈斯巴特尔, 马宏伟, 2020. 内蒙古草牧业发展思路与布局 ［J］. 当代畜禽养殖业, 12 (4): 56-59.

韩建国, 马存晖, 毛培胜, 等, 1999. 播种比例和施氮量及刈割期对燕灰与豌豆混播草地产草量和质量的影响 ［J］. 草地学报, 7 (2): 87-93.

韩文元, 赵宝平, 任鹏, 等, 2015. 内蒙古农牧交错区施氮量对燕麦饲草产量和饲用品质的影响 ［J］. 中国农学通报, 31 (24): 122-127.

郝宸昉, 吉鹏华, 辛庆强, 等, 2020. 内蒙古自治区畜牧业改革发展的启示 ［J］. 畜牧与饲料科学, 41 (6): 62-66.

郝凤, 刘晓静, 齐敏兴, 等, 2015. 磷水平和接根瘤菌对紫花苜蓿根系形态特征和根瘤固氮特性的影响 ［J］. 草地学报, 23 (4): 818-822.

贺金生, 韩兴国, 2010. 生态化学计量学: 探索从个体到生态系统的统一化理论 ［J］. 植物生态学报, 34 (1): 2-6.

贺鑫, 齐冰洁, 王敏, 等, 2019. 低磷胁迫下燕麦不同磷效率品种生物量及磷素营养的差异 ［J］. 分子植物育种, 17 (22): 7482-7487.

洪剑明, 曾晓光, 1996. 小麦硝酸还原酶活性与营养诊断和品种选育研究 ［J］. 作物学报 (5): 633-637.

侯迷红, 刘景辉, 杨恒山, 等, 2017. 不同氮素用量对甜荞麦干物质和养分积累及

分配的影响 [J]. 华北农学报, 32 (3)：214-219.

侯倩倩, 2017. 施肥和播种密度对燕麦生长及产量的影响 [D]. 沈阳：辽宁大学.

胡承霖, 谢家琦, 范荣喜, 1994. 综合栽培技术对小麦籽粒品质的调控作用 [J]. 安徽农业大学学报, 21 (2)：151-156.

霍海丽, 王琦, 张恩和, 等, 2014. 灌溉和施磷对紫花苜蓿干草产量及营养成分的影响 [J]. 水土保持研究, 21 (1)：117-121.

纪亚君, 陆家芬, 2019. 高寒地区氮磷钾肥配施对燕麦产量的影响 [J]. 青海畜牧兽医杂志, 49 (5)：6-9.

纪亚君, 汪新川, 2011. 施肥对多年生禾本科牧草草产量及牧草性状的影响 [J]. 黑龙江畜牧兽医, 21 (23)：82-84.

姜东, 于振文, 苏波, 等, 1997. 不同施氮时期对冬小麦根系衰老的影响 [J]. 作物学报, 23 (2)：181-190.

姜慧新, 柏杉杉, 吴波, 等, 2021. 22 个燕麦品种在黄淮海地区的农艺性状与饲草品质综合评价 [J]. 草业学报, 30 (1)：140-149.

姜珊, 2010. 氮素对一串红叶片衰老生理指标的影响 [J]. 北方园艺, 21 (11)：110-112.

蒋静, 张霞, 马晓丽, 等, 2014. 施肥对新疆红花莲座期生长及氮、磷化学计量的影响 [J]. 石河子大学学报 (自然科学版), 32 (3)：272-278.

焦瑞枣, 2004. 施氮量对裸燕麦不同品种产量和品质影响的研究 [D]. 呼和浩特：内蒙古农业大学.

金善宝, 1996. 中国小麦学 [M]. 北京：中国农业出版社.

金正勋, 钱春荣, 杨静, 等, 2007. 水稻灌浆成熟期籽粒谷氨酰胺合成酶活性变化及其与稻米品质关系的初步研究 [J]. 中国水稻科学, 32 (1)：103-106.

琚泽亮, 赵桂琴, 柴继宽, 等, 2019. 不同燕麦品种在甘肃中部的营养价值及青贮发酵品质综合评价 [J]. 草业学报, 28 (9)：77-86.

康利允, 2014. 分层供水施磷对冬小麦生长及产量的调控效应 [D]. 杨凌：西北农林科技大学.

李春喜, 叶润荣, 周玉碧, 等, 2014. 高寒牧区不同燕麦品种饲草产量及品质的研究 [J]. 草地学报, 22 (4)：882-888.

李冬梅, 吕新, 罗宏海, 等, 2020. 基于叶绿素荧光参数的滴灌棉花氮素营养估测模型 [J]. 棉花学报, 32 (1)：63-76.

李红梅, 杨黎娜, 2011. 春季氮素处理对小麦可溶性糖含量及产量的影响 [J]. 中国农学通报, 27 (33)：142-145.

李立新, 何宽信, 肖仁平, 等, 2004. 不同施磷量对烤烟主要产质性状的影响 [J]. 中国烟草科学, 25 (1)：28-31.

李梅, 胡跃高, 曾昭海, 等, 2009. 科尔沁沙地 4 种作物根茬抗风蚀效果风洞试验研究 [J]. 中国农学通报, 25 (11)：254-258.

李强, 孔凡磊, 袁继超, 2018. 氮肥运筹对不同氮效率玉米品种干物质生产及产量

的影响 [J]. 华北农学报, 33 (6): 174-182.

李润枝, 陈晨, 张培培, 等, 2009. 我国燕麦种质资源与遗传育种研究进展 [J]. 现代农业科技, 12 (17): 44-45.

李文龙, 吕英杰, 刘笑鸣, 等, 2018. 氮肥对不同氮效率玉米氮代谢酶和氮素利用及产量的影响 [J]. 西南农业学报, 31 (9): 1829-1835.

李孝良, 1998. 氮磷钾肥对小麦生长发育及品质的影响 [J]. 安徽农业技术师范学院学报, 12 (4): 12-14.

李新一, 王加亭, 韩天虎, 等, 2015. 我国饲草料生产形势及对策 [J]. 草业科学, 32 (12): 2155-2166.

李彦, 孙翠平, 井永苹, 等, 2017. 长期施用有机肥对潮土土壤肥力及硝态氮运移规律的影响 [J]. 农业环境科学学报, 36 (7): 1386-1394.

李颖, 毛培胜, 2013. 燕麦种质资源研究进展 [J]. 安徽农业科学, 41 (1): 72-76.

梁国玲, 秦燕, 魏小星, 等, 2018. 青藏高原高寒区 I-D 燕麦品系饲草生产性能及品质评价 [J]. 草地学报, 26 (4): 917-927.

刘焕, 2019. 不同施氮水平对冬小麦根系形态参数、光合特性、碳氮代谢酶活性及产量的影响 [D]. 郑州: 河南农业大学.

刘剑钊, 袁静超, 周康, 等, 2019. 不同氮肥施用水平对春玉米光合特性及产量构成的影响 [J]. 玉米科学, 27 (5): 151-157.

刘露露, 汪军成, 姚立蓉, 等, 2020. 不同春小麦品种耐低磷性评价及种质筛选 [J]. 中国生态农业学报 (中英文), 28 (7): 999-1009.

刘瑞显, 王友华, 陈兵林, 等, 2008. 花铃期干旱胁迫下氮素水平对棉花光合作用与叶绿素荧光特性的影响 [J]. 作物学报, 34 (4): 675-683.

刘锁云, 陈磊庆, 胡廷会, 等, 2012. 水氮处理对燕麦功能叶衰老及产量的影响 [J]. 麦类作物学报, 32 (4): 706-710.

刘文辉, 贾志锋, 周青平, 等, 2010. 施磷对'青引1号'燕麦种子产量和产量性状的影响 [J]. 土壤通报, 41 (3): 651-655.

刘文辉, 周青平, 贾志锋, 等, 2009. 施磷水平对'青引1号'燕麦饲草产量和蛋白产量的影响 [J]. 青海畜牧兽医杂志, 39 (1): 4-7.

卢九斤, 刘鑫慧, 杨林意, 等, 2020. 施磷量对柴达木枸杞产量与品质及土壤酶活性的影响 [J]. 西北农业学报, 4 (12): 1-8.

卢丽兰, 杨新全, 赵世翔, 等, 2015. 有机肥与化肥配施对广藿香生长、品质及土壤养分的影响 [J]. 农业机械学报, 46 (10): 184-191.

路颖, 陈浩, 杨学, 等, 2010. 黑龙江省燕麦科研和生产现状及发展建议 [J]. 黑龙江农业科学, 23 (2): 125-127.

吕鹏, 张吉旺, 刘伟, 等, 2011. 施氮时期对超高产夏玉米产量及氮素吸收利用的影响 [J]. 植物营养与肥料学报, 17 (5): 1099-1107.

马得泉, 田长叶, 杨海鹏, 1998. 裸燕麦资源与人类健康 [J]. 青海农林科技, 6

（1）：33-35.

马得泉，杨海鹏，田长叶，1997. 燕麦营养价值与保健食品开发 ［J］. 中国食物与营养，12（3）：16-19.

马梅，王明利，达丽，2019. 内蒙古"粮改饲"政策的问题及对策 ［J］. 中国畜牧杂志，55（1）：147-150.

马雪琴，2007. 高寒牧区播期和氮肥对燕麦产量及其构成和氮素吸收利用与分配的影响 ［D］. 兰州：甘肃农业大学.

马亚娟，2015. 施肥对杉木养分吸收特性及其碳、氮、磷生态化学计量规律的影响 ［D］. 杨凌：西北农林科技大学.

孟凡艳，2008. 张家口地区燕麦生产现状及可持续发展建议 ［J］. 河北北方学院学报（自然科学版），24（6）：77-79.

闵星星，马玉寿，李世雄，2017. 施肥对青海草地早熟禾种子产量和生殖构件的影响 ［J］. 现代园艺，5（3）：3-5.

穆兰海，母养秀，常克勤，等，2017. 不同皮燕麦品种蛋白质含量与营养指标及农艺性状的相关性分析 ［J］. 江苏农业科学，45（22）：86-88.

娜日苏，梁庆伟，杨秀芳，等，2018. 13 个燕麦品种在科尔沁沙地的生产性能评价 ［J］. 黑龙江畜牧兽医，21（17）：136-141.

潘瑞炽，2001. 植物生理学 ［M］. 北京：高等教育出版社.

曲祥春，何中国，郝文媛，等，2006. 我国燕麦生产现状及发展对策 ［J］. 杂粮作物，15（3）：233-235.

屈佳伟，高聚林，王志刚，等，2016. 不同氮效率玉米根系时空分布与氮素吸收对氮肥的响应 ［J］. 植物营养与肥料学报，22（5）：1212-1221.

渠晖，程亮，陈俊峰，等，2016. 施氮水平对甜高粱主要农艺性状及其与干物质产量相关关系的影响 ［J］. 草业学报，25（6）：13-25.

全为民，2003. 湿地在控制农业面源污染中的应用 ［J］. 生态学报，22（3）：291-295.

任长忠，2009. 燕麦新品种'白燕 9 号'［J］. 中国农业科技导报，25（2）：1-13.

任长忠，郭来春，邓路光，等，2009. 中加燕麦合作研究成果及应用途径分析 ［J］. 农业科技通讯，23（2）：15-17.

任长忠，胡新中，2016. 中国燕麦荞麦产业"十二五"发展报告（2011—2015）［M］. 西安：陕西科学出版社.

任长忠，胡跃高，2013. 中国燕麦学 ［M］. 北京：中国农业出版社.

时丽冉，2019. 缺氮对小黑麦生长及叶绿素快速荧光动力学参数的影响 ［J］. 农业科技通讯，12（6）：56-59.

宋雨桐，王建丽，刘杰淋，等，2020. 施肥和种植密度对 5 个燕麦品种产量和品质的影响 ［J］. 中国草地学报，42（6）：149-156，164.

孙旭生，林琪，赵长星，等，2009. 施氮量对超高产冬小麦灌浆期旗叶光响应曲线的影响 ［J］. 生态学报，29（3）：1428-1437.

田永雷，张玉霞，朱爱民，等，2018. 施氮对科尔沁沙地饲用燕麦产量及氮肥利用率的影响 [J]. 草原与草坪，38 (5)：54-58.

汪宝卿，张立明，2017. 环境因素和农艺措施影响甘薯根系生长发育的研究进展 [J]. 江苏师范大学学报（自然科学版），35 (2)：11-16.

王安洪，曾宇丽，安传相，等，2020. 不同施氮水平对凤冈县水稻产量的影响 [J]. 农技服务，37 (11)：18-19.

王广，2010. 施氮量对小麦氮代谢及籽粒谷蛋白大聚合体粒度分布的调节效应 [D]. 泰安：山东农业大学.

王恒宇，武继承，王秋杰，1995. 花生施用磷肥增产效应分析 [J]. 河南农业科学 (8)：9-12.

王洪义，丁睿，王智慧，等，2020. 氮、磷添加对草地不同冠层植物叶片和根系生态化学计量特征的影响 [J]. 草业学报，29 (8)：37-45.

王辉辉，2008. 青藏高原高寒牧区燕麦优良品种筛选及营养价值评定 [D]. 兰州：甘肃农业大学.

王建光，2018. 牧草饲料作物栽培学 [M]. 2 版. 北京：中国农业出版社.

王乐，张玉霞，于华荣，等，2017. 氮肥对沙地饲用燕麦生长特性及产量的影响 [J]. 草业科学，34 (7)：1516-1521.

王立秋，1994. 冀西北春小麦高产优质高效栽培研究——氮磷肥对春小麦产量和品质的影响及效益分析 [J]. 干旱地区农业研究，12 (3)：8-13.

王玲，施建军，尚占环，等，2019. 磷肥对环青海湖高寒草原植物群落特征的影响 [J]. 草业科学，36 (5)：1224-1230.

王璐，王凤梧，高卿，等，2020. 不同播期及氮磷肥配施对燕麦产量的影响 [J]. 北方农业学报，48 (3)：80-85.

王茂莹，贺明荣，李玉，等，2020. 施氮量对不同小麦品种产量及氮素吸收利用的影响 [J]. 水土保持学报，34 (4)：241-248.

王桃，徐长林，姜文清，等，2010. 36 个燕麦品种不同部位养分分布格局 [J]. 草业科学，27 (8)：107-113.

王渭玲，梁宗锁，孙群，等，2005. 不同氮磷施用量对小麦产量及品质的影响 [J]：中国农学通报，7 (3)：89-95.

王霞霞，朱德建，李岩，等，2016. 南方冬闲田饲用燕麦品种筛选的研究 [J]. 种子，35 (5)：112-114.

王小纯，王晓航，熊淑萍，等，2015. 不同供氮水平下小麦品种的氮效率差异及其氮代谢特征 [J]. 中国农业科学，48 (13)：2569-2579.

王鑫，张玉霞，鲍青龙，等，2020. 施氮量对不同饲用燕麦品种苗期氮代谢相关酶活性的影响 [J]. 内蒙古民族大学学报（自然科学版），35 (5)：396-401.

王雪，雒文涛，庾强，等，2014. 半干旱典型草原养分添加对优势物种叶片氮磷及非结构性碳水化合物含量的影响 [J]. 生态学杂志，33 (7)：1795-1802.

王宜伦，李潮海，何萍，等，2010. 超高产夏玉米养分限制因子及养分吸收积累规

律研究 [J]. 植物营养与肥料学报, 16 (3): 559-566.

王月福, 于振文, 李尚霞, 等, 2002. 氮素营养水平对小麦开花后碳素同化、运转和产量的影响 [J]. 麦类作物学报, 23 (2): 55-59.

王韵斐, 陈秋菊, 王文义, 等, 2018. 饲用燕麦草对肉羊育肥效果的影响研究 [J]. 畜禽业, 29 (5): 14-15.

王志龙, 于亚雄, 乔祥梅, 等, 2021. 密度和氮肥对'云大麦 12 号'产量、农艺性状及光合特性的影响 [J]. 分子植物育种, 19 (7): 6884-6890.

魏巍, 拉巴, 杨文才, 等, 2016. 氮、磷肥配施对'青引 1 号'燕麦产量和品质的影响 [J]. 作物杂志, 12 (1): 120-124.

吴家胜, 应叶青, 曹福亮, 等, 2002. 施氮对银杏叶产量及黄酮含量的影响 [J]. 浙江林学院学报, 6 (4): 38-41.

吴良欢, 蒋式洪, 陶勤南, 1998. 植物转氨酶 (GOT 和 GPT) 活度比色测定方法及其应用 [J]. 土壤通报, 12 (3): 41-43.

吴宗钘, 原保忠, 2021. 氮肥施用量对'C 两优华占'产量及生长性状的影响 [J]. 杂交水稻, 36 (2): 57-61.

武悦萱, 张辉, 王苗苗, 等, 2020. 氮磷配施对小麦生长、叶片叶绿素含量及叶绿素荧光特性的影响 [J]. 江西农业学报, 32 (2): 9-15.

武志海, 高娃, 金鸿明, 等, 2016. 不同施氮水平下 3 种类型粳稻光合特性及干物质积累分析 [J]. 西北农林科技大学学报 (自然科学版), 44 (8): 75-82.

席天元, 李永山, 谢三刚, 等, 2016. 分层施磷对冬小麦生长及产量的影响 [J]. 中国农业科技导报, 18 (3): 112-118.

肖继兵, 孙占祥, 蒋春光, 等, 2017. 密度和施氮量对垄膜沟播春玉米干物质积累和产量的影响 [J]. 玉米科学, 25 (1): 98-106.

肖小平, 王丽宏, 叶桃林, 等, 2007. 施 N 量对燕麦'保罗'鲜草产量和品质的影响 [J]. 作物研究, 1 (5): 19-21.

邢丹, 李淑文, 夏博, 等, 2015. 磷肥施用对冬小麦产量及土壤氮素利用的影响 [J]. 应用生态学报, 26 (2): 437-442.

徐沙, 龚吉蕊, 张梓榆, 等, 2014. 不同利用方式下草地优势植物的生态化学计量特征 [J]. 草业学报, 23 (6): 45-53.

杨刚, 张荟荟, 高洪文, 等, 2011. 12 份禾本科牧草苗期抗旱性分析 [J]. 新疆农业科学, 48 (11): 2116-2120.

杨惠杰, 杨仁崔, 李义珍, 等, 2000. 水稻茎秆性状与抗倒伏的关系 [J]. 福建农业学报, 15 (2): 1-7.

杨鲤糠, 蒋桂英, 祁静玉, 2020. 减量施氮对滴灌春小麦光合特性和荧光参数的影响 [J]. 新疆农业科学, 57 (12): 2164-2175.

杨晓龙, 程建平, 汪本福, 等, 2021. 灌浆期干旱胁迫对水稻生理性状和产量的影响 [J]. 中国水稻科学, 35 (1): 38-46.

尹崇仁, 1993. 作物营养化学 [M]. 北京: 北京农业大学出版社.

尹大海，1991. 燕麦穗重与其他性状间通径分析的研究［J］. 中国草地，12（5）：28-29.

尹勇刚，袁军伟，刘长江，等，2020. NaCl 胁迫对葡萄砧木光合特性与叶绿素荧光参数的影响［J］. 中国农业科技导报，22（8）：49-55.

尹正纯，白若玲，李明阳，等，2019. 不同红三叶品种在渝西地区的生态适应性比较［J］. 草业科学（5）：62-68.

于显枫，郭天文，张仁陟，等，2008. 水氮互作对春小麦叶片气体交换和叶绿素荧光参数的作用机制［J］. 西北农业学报，17（3）：117-123.

鱼欢，杨改河，王之杰，2010. 不同施氮量及基追比例对玉米冠层生理性状和产量的影响［J］. 植物营养与肥料学报，16（2）：266-273.

曾德慧，陈广生，2005. 生态化学计量学：复杂生命系统奥秘的探索［J］. 植物生态学报，29（6）：1007-1019.

张超男，赵会杰，王俊忠，等，2008. 不同氮肥方式对夏玉米碳水化合物代谢关键酶活性的影响［J］. 植物营养与肥料学报，14（1）：54-58.

张福锁，王激清，张卫峰，等，2008. 中国主要粮食作物肥料利用率现状与提高途径［J］. 土壤学报，11（5）：915-924.

张秋英，刘晓冰，金剑，等，2003. 水肥耦合对大豆光合特性及产量品质的影响［J］. 干旱地区农业研究，21（1）：47-50.

张睿，殷振江，王新中，等，2006. 不同生态条件下氮磷钾配施对强筋小麦陕 253 品质的影响［J］. 麦类作物学报，26（1）：74-76.

张石宝，李树云，胡虹，等，2002. 氮对冬玉米干物质生产及生理特性的影响［J］. 广西植物，22（6）：543-546.

张淑艳，张玉龙，王晓东，等，2009. 氮肥对无芒雀麦生理特性影响的初步研究［J］. 草业科学，26（10）：109-112.

张岁岐，山仑，1995. 氮素营养对春小麦抗旱适应性及水分利用的影响［J］. 水土保持研究，2（1）：31-35.

张弦，苏豫梅，高文伟，等，2014. 不同施氮水平对小麦旗叶氮素代谢相关酶活性的影响［J］. 新疆农业大学学报，37（4）：318-342.

张亚琦，李淑文，付巍，等，2014. 施氮对杂交谷子产量与光合特性及水分利用效率的影响［J］. 植物营养与肥料学报，20（5）：1119-1126.

张衍华，毕建杰，王琦，等，2007. 施肥对不同品种小麦光合速率及叶绿素含量的影响［J］. 山东农业科学，12（1）：77-78.

张莹，陈志飞，张晓娜，等，2016. 不同刈割期对春播、秋播燕麦干草产量和品质的影响［J］. 草业学报，25（11）：124-135.

张永强，齐晓晓，张璐，等，2020. 氮肥运筹对滴灌冬小麦叶片光合特性及产量的影响［J］. 作物杂志，23（1）：141-145.

张玉霞，朱爱民，郭园，等，2019. 追施氮肥对灌浆期沙地饲用燕麦叶片衰老特性的影响［J］. 华北农学报，34（1）：124-130.

章海燕，张晖，王立，等，2009. 燕麦研究进展 [J]. 粮食与油脂，15（8）：7-9.

赵长星，徐亮，王月福，等，2013. 施磷量对花生生长发育动态和产量的影响 [J]. 华北农学报，28（1）：308-313.

赵桂琴，2016. 饲用燕麦及其栽培加工 [M]. 北京：科学出版社.

赵吉平，任杰成，郭鹏燕，等，2019. 施氮量对小麦氮素代谢关键酶活性的影响 [J]. 麦类作物学报，39（10）：1222-1225.

赵家煦，张一鹤，韩晓增，等，2018. 东北黑土区长期不同磷肥施用量对大豆生长及产量的影响 [J]. 干旱地区农业研究，36（5）：116-121.

赵力兴，高阳，李天琦，等，2019. 施肥对科尔沁沙地苜蓿生长及产草量的影响 [J]. 中国农业科技导报，21（7）：136-144.

赵鹏，何建国，熊淑萍，等，2010. 氮素形态对专用小麦旗叶酶活性及籽粒蛋白质和产量的影响 [J]. 中国农业大学学报，15（3）：29-34.

赵伟，宋春，周攀，等，2018. 施磷量与施磷深度对玉米-大豆套作系统磷素利用率及磷流失风险的影响 [J]. 应用生态学报，29（4）：1205-1214.

郑殿升，张宗文，2011. 大粒裸燕麦（莜麦）（*Avena nuda* L.）起源及分类问题的探讨 [J]. 植物遗传资源学报，12（5）：667-670.

郑丕尧，1992. 作物生理学导论 [M]. 北京：北京农业大学出版社.

郑一，张振，范金根，等，2021. 磷肥对不同结实能力马尾松无性系雌球花量及其针叶氮磷营养的影响 [J]. 应用生态学报，4（4）：1-9.

中国预防医学科学院营养与食品卫生研究所，1991. 食物成分表 [M]. 北京：人民出版社.

周萍萍，赵军，颜红海，等，2015. 播期、播种量与施肥量对裸燕麦籽粒产量及农艺性状的影响 [J]. 草业科学，32（3）：439-441.

周青平，贾志锋，韩志林，等，2008. 氮、磷肥对裸燕麦籽粒产量和β-葡聚糖含量的影响 [J]. 植物营养与肥料学报，9（5）：956-960.

朱爱民，张玉霞，王国君，等，2017. 科尔沁沙地4个燕麦品种的饲草产量特性比较 [J]. 农学学报，7（10）：56-59.

邹琦，2000. 植物生理学实验指导 [M]. 北京：中国农业出版社.

CLIQUET J B, DELEENS E, MARIOTTI A, 1990. C and N mobilization from stalk and leaves during kernel filling by ^{13}C and ^{15}N tracing in *Zea mays* L. [J]. Plant Physiology, 94（4）：1547-1553.

CRUZ J L, MOSQUIM P R, PELACANI C R, et al., 2003. Photosynthesis impairment in cassava leaves in response to nitrogen deficiency [J]. Plant and Soil, 257（2）：417-423.

DANIEL R R, BUU T, LOREN M L, et al., 2006. High-content screening of functional genomic libraries [J]. Methods in Enzymology, 32（5）：410-421.

DU C J, GAO Y H, 2021. Grazing exclusion alters ecological stoichiometry of plant and soil in degraded alpine grassland [J]. Agriculture, Ecosystems & Environment,

308（7）：134-163.

EGASH D, ANIMUT G, URIGT M, et al., 2017. Chemical composition and nutritive value of Oats (*Avena sativa*) grown in mixture with Vetch (*Vicia villosa*) with or without phosphorus fertilization in east shoa zone, Ethiopia [J]. Journal of Nutrition & Food Sciences, 7（4）：36-52.

ELLEN J, 1991. The effects on sowing rates and nitrogen applilcation to the growth and yield of the oats [J]. Mededeling-Vakgroep Land Bunw Plantented in Grasland Kunde, 8（5）：125-151.

ELSER J J, FAGAN W F, KERKHOFF A J, et al., 2010. Biological stoichiometry of plant production: metabolism, scaling and ecological response to global change [J]. New Phytologist, 186（3）：593-608.

GAO Y, YU G, HE N, 2013. Equilibration of the terrestrial water, nitrogen, and carbon cycles: advocating a health threshold for carbon storage [J]. Ecological Engineering, 57（7）：366-374.

GILES J, 2005. Nitrogen study fertilizes fears of pollution [J]. Nature, 433（8）：791-821.

HENRY L T, RAPER C D Jr, 1991. Soluble carbohydrate allocation to roots, photosynthetic rate of leaves, and nitrate assimilation as affected by nitrogen stress and irradiance [J]. Botanical Gazette, 152（1）：23-33.

HOCKING P J, STAPPER M, 2001. Effects of sowing time and nitrogen fertilizer on canola and wheat, and nitrogen fertilizer on Indian mustard drymatter production, grain yield and yield components [J]. Australian Journal of Agricultural Research, 52（5）：626-634.

HUUSKONEN A, 2009. The effect of cereal type (barley versus oats) and rapeseed meal supplementation on the performance of growing and finishing dairy bulls offered grass silage-based diets [J]. Livestock Science, 122（1）：53-62.

JOSE D S, JONAS N V, ELIANE M R, et al., 2019. Assessing the effects of 17 years of grazing exclusion in degraded semi-arid soils: evaluation of soil fertility, nutrients pools and stoichiometry [J]. Journal of Arid Environments, 166（14）：212-243.

JOSÉ A G, DA S A, CONSTANTINO J, et al., 2016. Nitrogen efficiency in oats on grain yield with stability [J]. Revista Brasileira de Engenharia Agrícolae Ambiental, 25（6）：1095-1100.

KENNETH J F, 1959. Yield components in oats Ⅱ. The effect of nitrogen fertilization [J]. Agronomy Journal, 13（4）：23-42.

LI J W, Liu Y L, HAI X Y, et al., 2019. Dynamics of soil microbial C : N : P stoichiometry and its driving mechanisms following natural vegetation restoration after farmland abandonment [J]. Science of the Total Environment, 693（12）：15-26.

LIN Y C, HU Y G, REN C Z, et al., 2013. Effects of nitrogen application on chlorophyll fluorescence parameters and leaf gas exchange in naked oat [J]. Journal of Integrative Agriculture, 12 (12): 2164-2171.

LIN Z W, TANG Y W, 1988. Regulation of nitrate reductase activity in rice [J]. Science in China, 19 (4): 379-385.

LOSKUTOV I G, SHELENGA T V, KONAREV A V, et al., 2017. The metabolomic approach to the comparative analysis of wild and cultivated species of oats (*Avena* L.) [J]. Russian Journal of Genetics: Applied Research, 7 (5): 501-508.

LU Q, BAI J, ZHANG G, et al., 2018. Spatial and seasonal distribution of carbon, nitrogen, phosphorus, and sulfur and their ecological stoichiometry in wetland soils along a water and salt gradient in the Yellow River Delta, China [J]. Physics & Chemistry of the Earth, 104 (5): 9-17.

LV B B, YUAN Y Z, ZHANG C F, 2005. Modulation of key enzymes involved in ammonium assimilation and carbon metabolism by low temperature in rice (*Oryza sativa* L.) roots [J]. Plant Science, 169 (2): 295-302.

MAGDALENA J, URSZULA W, MARAT K K, 2020. Pathogenic and non-pathogenic fungal communities in wheat grain as influenced by recycled phosphorus fertilizers: a case study [J]. Agriculture, 10 (6): 57-79.

MICEK P, KULIG B, WO Z P, et al., 2012. The nutritive value for ruminants of faba bean (*Vicia faba*) seeds and naked oat (*Avena nuda*) grain cultivated in an organic farming system [J]. Journal of Animal and Feed Sciences, 21 (5): 773-786.

MIRMOGHTADAIE L, KADIVAR M, SHAHEDI M, 2009. Effects of succinylation and deamidation on functional properties of oat protein isolate [J]. Food Chemistry, 114 (1): 127-131.

NING Q, CHEN L, ZHANG C Z, et al., 2021. Saprotrophic fungal communities in arable soils are strongly associated with soil fertility and stoichiometry [J]. Applied Soil Ecology, 159 (4): 62-79.

NOACK S R, MCLAUGHLIN M J, SMERNIK R J, et al., 2014. Phosphorus speciation in mature wheat and canola plants as affected by phosphorus supply [J]. Plant and Soil, 378 (1-2): 125-137.

OLIVER R E, OBERT D E G, HU J M, 2010. Development of oat-based markers from barley and wheat microsatellites [J]. Genome, 212 (6): 458-471.

RICHARDSON A E, LYNCH J P, RYAN P R, et al., 2011. Plant and microbial strategies to improve the phosphorus efficiency of agriculture [J]. Plant and Soil, 349 (1-2): 121-156.

SILVIO J R, MARKUS G, SIMONE K M, et al., 2020. Plant growth and nutrient use efficiency of two native Fabacee species for mineland revegetation in the eastern Amazon [J]. Journal of Forestry Research, 31 (6): 2287-2293.

SIMONETTA F, ROSELLA M, FRANCESCO G, 2009. The effect of nitrogenous fertiliser application on leaf traits in durum wheat in relation to grain yield and development [J]. Field Crops Research, 110 (7): 69-75.

SMOLANDER A, KITUNEN V, 2021. Soil organic matter properties and C and N cycling processes: interactions in mixed-species stands of silver birch and conifers [J]. Applied Soil Ecology, 160 (7): 132-151.

TALBOYS P J, HEALEY J R, WITHERS P J A, et al., 2020. Combining seed dressing and foliar applications of phosphorus fertilizer can give similar crop growth and yield benefits to soil applications together with greater recovery rates [J]. Frontiers in Agronomy, 12 (4): 46-59.

VITOUSEK P M, STEPHEN P, HOULTON B Z, et al., 2010. Terrestrial phosphorus limitation: mechanisms, implications, and nitrogen-phosphorus interactions [J]. Ecological Applications, 20 (1): 150-158.

YANG Y, LIU B R, AN S S, 2018. Ecological stoichiometry in leaves, roots, litters and soil among different plant communities in a desertified region of Northern China [J]. Catena, 166 (3): 23-31.

ZHELI D, AHMED M S K, MARWA G M A, et al., 2020. The integrated effect of salinity, organic amendments, phosphorus fertilizers, and deficit irrigation on soil properties, phosphorus fractionation and wheat productivity [J]. Scientific Reports, 10 (1): 78-102.